공화국의 립스틱

- 김정은 시대의 뷰티와 화장품 -

이 저서는 2019년 대한민국 교육부와 한국연구재단의 지원을 받아
수행된 연구임 (NRF-2019S1A6A3A01102841)

공화국의 립스틱

- 김정은 시대의 뷰티와 화장품 -

건국대학교 통일인문학연구단 기획

전영선·한승호 저

종이와
나무

화장품이 뭐길래

김정은 위원장이 평양화장품공장을 방문했다는 『로동신문』 기사를 보았다. '화장품 공장'이 뭐라고 『로동신문』 1면을 화장품공장 방문 기사로 채울까. 김정은이 화장품공장을 현지 지도했다는 기사는 이후로도 몇 번이나 지면을 장식했다.

화장품이 뭐라고 이렇게 자주 방문하는 것일까? '화장품이 뭐라고', '왜 화장품?'. 이 책의 시작이었다.

화장품에 관심을 두고 이런저런 자료를 모으고 있을 때, 화장품에 대한 원고청탁이 들어왔다. 북한 화장품의 본향 신의주를 지척에서 마주하고 있는 단둥을 찾았다. 3차례에 걸쳐 단둥에서 북한 화장품도 구입하고, 물어도 보면서 조사하였다.

화장품은 정치, 경제, 사회문화 차원에서 북한에서 진행되고 있는 변화를 집약적으로 보여준다. 화장품은 내수 시장을 활성화하고 품질개선을 통한 수출산업의 육성의 본보기 산업이다. 디자인도 개선하고, 상대적으로 경쟁력을 갖추고자 치열하게 화장품 산업을 육성하고 있다. 화장을 한다는 것은 사회주의 문명국에 사는 사람으로 누려야 할 문화생활로 포장하였지만 자력갱생의 돌파구를 열어기가야 할 막중한 임무를 지닌 전략 품목이 되었다.

제품 디자인이며, 쇼핑백 디자인 수준이 빠르게 올라왔다. 소박하고 간결함에 세련이 첨가되면서, 한 단계 업그레이드가 되었음을 피부로 알 수 있었다. 김정은 체제에서 산업디자인에 집중적으로 투자한 효과를 체감케

하였다.

　제품도 다양해졌다. 기능성 제품을 중심으로 화장품은 시장을 넘어 산업으로 향하고 있음을 보여주었다. 정치 전략과 경제 전략 사이로 '사회주의 미감'으로 통제할 수 없는 미를 향한 인민들의 욕망도 조금씩 커지고 있다. 북한 화장품을 좀 더 면밀하게 들여 보아야 하는 이유이다.

　출판 기획에서부터 마무리까지 공동 작업은 신선한 경험이었다. 브레이크와 엑셀레이터의 조합이었다. 책으로 만들어지기까지 많은 도움이 있었다. 출판 과정의 고민을 함께 한 한정희 대표님과 편집부에 깊은 감사를 드린다.

2021년 여름을 맞이하면서

차 례

1부

화장에 눈뜨다

2013년 설명절축하공연을 하는 모란봉악단의 가수들

남한에서 화장은 남녀노소를 불문하고 필수이다. 색조
화장을 하지 않더라도 스킨이나 로션 같은 기초화장은
당연히 한다. 최근에는 색조화장을 하는 남성들도 많

이 늘고 있다.

북한은 어떨까? 북한에서 화장은 여성의 몫이다. 남성화장도 있지만 기초 화장 정도이다. 북한에서 화장은 '자기 외모에서 부족한 점을 가리고 얼굴을 아름답고 깨끗하게 위생 문화적으로 가꾸도록 하는 미용의 한 분야'이다.

북한화장은 '일반화장'과 '예식화장'으로 구분한다.

일반화장은 얼굴에서 개성과 아름다움을 적극적으로 살리면서, 회화적 수법을 이용하여 결함을 약화시키거나 감추어 주어 얼굴 생김새에서 균형을 맞추고 조화를 이루도록 하는 것이 포인트이다.

예식화장은 머리, 목, 손 얼굴의 각 부분을 아름답고 화려하게 단장하며 예복의 형태나 색깔에 맞게 외모를 단장하여 아름다움을 극대화하는 것이다.

북한에서도 화장하는 인민들이 늘어나고 있다. 적극적으로 자신의 개성을 드러내고자 한다. 북한 사회가 변

봄향기 화장품 카달로그

함없이 항상 그대로인 것처럼 보이지만 변하고 있다. 사
람들의 미적 취향도, 화장도 빠르게 바뀌고 있다. 미적
지향과 요구가 높아지고 있다는 반증이다.

북한에서 화장은 기본 예절이다. 화장을 그리 선호하
지는 않았다. 화장에 그리 긍정적이지 않다. 화장이나 몸

북한 드라마 〈수업은 계속된다〉를 통해 북한 청소년들의 화장을 소개한
MBC 통일전망대

가꾸는 것을 곧 그 사람의 정신상태라고 생각하였다. 화
장을 짙게 하는 것은 자본주의 날라리풍과 연결지어 생
각하였다. 오랫동안 그렇게 교육받았다. 그래서 얌전하
고, 은은한 화장을 선호했다.

여성들도 기초화장 정도만 하고, 색조화장이나 짙은

화장을 잘 하지 않는다. 특히 립스틱은 행실이 바르지 못한 여성들이나 하는 것으로 생각한다.

북한 여성들이 화장하는 시기는 우리의 고등학교에 해당하는 고급중학교라고 한다. 고급중학교는 사회생활을 하는 마지막 과정이다. 사회생활을 위해 화장을 배우거나 사회에 나가면서 화장을 하는 경우가 대부분이다.

북한에서 화장품은 근로자들의 생활을 문화위생적으로 가꾸며, 건강을 증신 시키는 중요한 의의를 갖는다고 설명한다.

김정은 체제에서는 뷰티산업을 집중 육성하고 있다. 경제적으로 화장품 공장을 현대화하고 원료를 국산화하여 질 좋은 화장품을 생산하여, 대내외적으로 공급하는 데 역량을 집중하고 있다.

사회주의 미감美感과 화장

북한에서 화장은 무엇일까? 북한에서 화장은 여성으로 갖추어야 할 예의나 도덕 사항이다. 예의나 도덕이기 때문에 화장도 사회적 윤리나 기준에서 벗어나서는 안 된다.

기준이 되는 것은 '사회주의 미감美感'이다. '사회주의 미감'은 사회주의 이데올로기를 지키면서 미감에 맞추라는 것이다. 직설적으로 말하면 미적 감각에 대한 국가적 통제이다. 여성들에게 아름다운 감성, 즉 미감은 허용하지만 사회주의의 틀로 규제하겠다는 것이다.

사회주의는 개인의 자유나 욕망을 통제하고자 한다. 개인의 자유나 욕망은 사회의 공적 도덕성을 해친다고

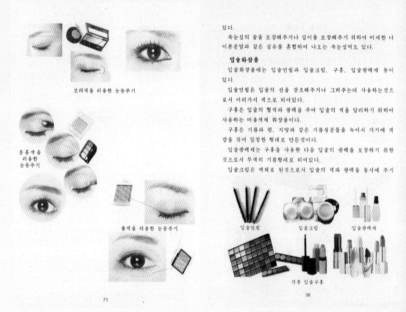

보라색을 리용한 눈등주기

분홍색을
리용한
눈등주기

풀색을 리용한 눈등주기

71

있다.

속눈섭의 숱을 보강해주거나 길이를 보장해주기 위하여 미세한 나이론불말과 같은 섬유를 혼합하여 나오는 속눈섭먹도 있다.

입술화장품

입술화장품에는 입술연필과 입술크림, 구홍, 입술광택제 둥이 있다.

입술연필은 입술의 선을 강조해주거나 그려주는데 사용하는것으로서 여러가지 색으로 되여있다.

구홍은 입술의 혈색과 광택을 주며 입술의 색을 달리하기 위하여 사용하는 미용색채 화장품이다.

구홍은 기름과 랍, 지방과 같은 기름성분들을 녹여서 거기에 색감을 섞어 일정한 형태로 만든것이다.

입술광택제는 구홍을 사용한 다음 입술의 광택을 보장하기 위한것으로서 무색의 기름형태로 되여있다.

입술크림은 액체로 된것으로서 입술의 색과 광택을 동시에 주기

입술연필   입술크림   입술광택제

각종 입술구홍

38

길수미, 『화장과 우리 생활 : 누구나 아름다워질수 있다』(조선출판물수출입사, 2017)

보기 때문이다.

사회주의는 사회가 우선이다. 자기가 좋다고, 자기가 갖고 싶다고 갖는 것은 이기적인 행동이다. 이렇게 되면 소수가 자본을 독점하는 불평등이 생길 수 있다는 것이다. 그래서 사회주의는 집단으로 규정된 사회적 보편성을 강조한다. '개인'은 규율하는 사회의 뒤편에 있다. 화장도 그렇다.

사회주의 미감은 '사회를 향한 미감'이다. 여성이 화장하는 것은 개인이 미를 가꾸는 것이 아닌 사회와 집단을 위한 기본 예의여야 하는 이유이다. 사회주의 미감美感에 맞는 화장법을 요구하는 것은 화장이 개인의 활동이자 사회 행위이기 때문이다.

'꽃'으로 불리는 북한 여성과 화장

북한의 대외 무역 잡지 『Foreign Trade of DPR Korea』 2018년 1호에 실린 꽃잎을
원료로 한 화장품

화장에서도 개인의 특성보다는 사회적 질서, 보편적 기
준이 앞선다. 화장의 수준과 정도는 민족성과 사회주의
도덕률에 맞추어 화려하지 않고, 튀지 않아야 한다. 짙은
화장을 하는 여성에게 보내는 시선도 곱지 않다. 법으로

통제하는 것보다 강한 문화적 통제이다.

북한에서 여성은 '꽃'으로 비유한다. 여성은 가정의 꽃
이요, 사회의 꽃이요, 국가의 꽃이라고 한다. 남한에서
여성을 꽃에 비유하지는 않는다. 여성이 꽃이라고 했다
간 '틀딱'소리를 들어야 한다. 하지만 북한에서는 여성
을 표현하는 가장 일반적 수식어로 활용된다.

꽃으로서 임무와 역할을 다하는 것이 여성의 미덕이다.[1]

문화적 통제의 준거가 되는 사회주의 미감은 어디서
오는가? 사회주의 미감은 개인에게 있지 않다. 사회에서
규정한다. 정확히는 당에서 규정한다.

김정은 체제에서 화장을 인민의 권리라고 말하는 것

---

1 남성욱, 「북한의 주체미학과 화장문화(Makr-up)에 관한 연구: 화
  장행태와 사회적 인식을 중심으로」, 『평화학연구』 제18권 3호(한국
  평화연구학회, 2017), 80쪽.

이 새삼스러운 것은 화장에 대한 기존의 인식과는 많은 차이가 있기 때문이다.

김정은 체제에서는 많이 달라졌다. 사회주의 미감에 맞추어 밝고 가벼운 화장을 권한다. 색조 화장을 금지하지 않는다. 이제는 여러 화장품 공장에서 좋은 첨단 제품을 많이 만들었으니 직접 보고 사라고 권한다.

개성고려인삼을 주원료로 한 은하수 개성고려인삼화장품, 금강산개성고려인삼화장품, 봄향기
개성고려인삼화장품

'변태적인 화장'

사회주의 생활양식은 화장을 건전하고 고상한 문화가 반영되게 할것을 요구하고 있다.

화장은 사회주의 사회의 생활양식과 민족적특성, 시대적미감에 맞게 하여야 한다.

우리 식이 아닌 변태적인 화장은 사회의 건전한 분위기를 흐리게 한다.[2]

2017년에 나온 길수미의 『화장과 우리 생활 : 누구나 아름다워질수 있다』의 한 대목이다. "우리 식이 아닌 변태적인 화장은 사회의 건전한 분위기를 흐리게 한다"는

---

2 길수미, 『화장과 우리 생활 : 누구나 아름다워질수 있다』(조선출판물수출입사, 2017), 8쪽.

북한 화장품 광고

대목에서 빵 터졌다.

'변태적인 화장!'

변태적 화장이란 어떤 화장일까?

짙은 색조 화장보다는 자연스러운 화장, 연한 화장을

다부작예술영화 민족과 운명 홍영자편의 홍영자(오미란 분), 변태적 화장이란 이런
화장이 아닐까?

선호한다. 사회의 시선 때문이다. 진하게 화장하는 것은
사회주의 생활양식에 어긋나고 도덕적으로도 몰상식한
현상으로 평가한다. 특히 립스틱을 진하게 바르는 것이
나 짙은 눈썹화장은 '비사회주의 행위'로 인식한다.

화장은 곧 그 사람의 됨됨이, 정신상태를 나타내기에
짙은 화장은 곧 비도덕적인 날라리풍의 불건전한 사상
을 가진 사람으로 낙인찍힐 수 있다. '변태적인 화장'은
화장에서 민족성, 주체성을 벗어나서는 안 된다는 것을
강조한 표현이다.

여성들에게 화려한 화장이 허용되는 때가 있다. 결혼

아침에 세면후 보습성살결물과 물크림을 발라 피부를 유연하게 한 다음 크림으로 밑화장을 하고 그 다음에 분크림을 바릅니다.

저녁에는 잠자기 전에 세면을 한 다음 미백영양물을 적당한 량 가볍게 흡수시키면서 바르며 피부영양이 약한 사람들은 미백영양물을 바른 후에 밤크림을 바릅니다.

무더운 여름철과 같이 답답하고 대기습도가 높은 계절에는 보습성살결물대신에 수렴성살결물을 사용하면 시원한 감촉을 주며 땀과 기름분비량이 많은 피부, 얼굴에 기름기가 많고 여드름이 나는 피부에 사용하면 땀구멍을 좁혀주어 분비량을 정상으로 조절하여줍니다.

이 경우에는 세면후에 수렴성살결물을 아침, 저녁으로 사용하여주십시오.

여름철화장을 할 때에는 피부특성에 따라 크림을 쓰지 않고 물크림을 화장밑크림으로 대신할수도 있습니다.

올바른 화장법을 소개한 화장품 설명서

여성을 모델로 한 그림 달력 – 2021년 6월

식이다. 결혼을 앞둔 신부에게는 짙고 화려한 화장이 용납된다.

최근에는 결혼할 때 전문적으로 신부 화장을 받는 경우도 많아졌다. 신부 드레스와 화장을 세트로 하는데, 신부 화장을 전문적으로 해주는 분들에게 의뢰하여 화장을 받는 경우가 점차 증가하는 추세이다. 신부 화장 가격은 천차만별이라고 한다.

북한식 화장의 기본

북한의 화장 문화가 달라졌다. "사람의 얼굴을 아름답고 문화적으로 가꾸기 위한 색채예술의 한 분야가 되었다. 여성의 아름다움을 드러내고, 개성을 표현한 방향으로 바뀌고 있다.

얼굴 유형이나 나이, 피부에 맞추어 화장을 잘하는 방법으로 구체적으로 소개한 책자도 나왔고, 기능성을 강조하는 화장품도 경쟁적으로 출시되고 있다.

길수미의 화장과 우리 생활 : 누구나 아름다워질수 있다』(조선출판물수출입사, 2017)은 화장의 기본에 대해 다음과 같이 말한다.

1. 전통적인 화장

– 예로부터 우리 인민은 화려하고 사치한것보다 소박하면서
  도 고상하고 은은한 색채를 더 좋아한다.

2. 화장과 민족적 특성

– 화장도 역시 우리 인민의 민족적 특성에 맞게 해야 한다. 시
  대의 요구에 맞지 않게 지나치게 낡은 화장방법을 추구하
  거나 반대로 현대미를 돋군다고 하면서 우리 식이 아닌 이
  색적인 방식을 지향한다면 그것은 아름다움을 파괴하는 결
  과를 초래하게 된다.

3. 화장법

– 화장은 또한 피부가 건강하고 아름답게 보이도록 하여야
  한다.

– 화장은 때와 장소에 맞게 하여야 한다. 때에 맞지 않게 지
  나치게 화장을 하고 다니거나 화장을 하지 않고 다니는 것
  도 례의에 어긋나는 일이다.

– 화장은 직업과 나이에 맞게 하여야 한다. 직업과 나이에 맞

화장과 우리 생활

누구나
아름다와질수 있다

조선출판물수출입사
주제 106 (2017)

길수미, 『화장과 우리 생활 : 누구나 아름다워질수 있다』
(조선출판물수출입사, 2017).

게 화장을 하면 사람은 더 아름다워질뿐아니라 인품 또한 돋구어진다.

– 화장은 계절에 맞게 하여야 한다. 사람의 피부조건과 생리 적상태는 계절에 따라 다르다.

4. 화장과 얼굴

– 화장은 얼굴생김새와 입는 옷의 색깔에 맞추어 하여야 한다. 사람마다 얼굴생김새가 서로 다르고 기호와 취미, 입는 옷의 색갈, 형태 또한 서로 다르다. 때문에 남들이 하는 화장법이 아름답다고 하여 그 화장법에 자신의 얼굴을 맞추어서는 안된다. 화장은 자기의 얼굴에 화장법을 맞추어야 아름다운 모습으로 나설수 있다.

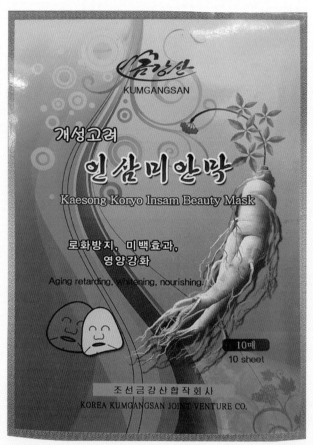

금강산 개성고려인삼 미안막(마스크팩)

초소에서 온 편지

9월

주체 37(1948). 9. 9.   위대한 수령 **김일성**동지께서 조선민주주의인민공화국을 창건하시였다.

주체 38(1949). 9. 22. 항일의 녀성영웅 김정숙동지께서 서거하시였다.

여성을 모델로 한 그림 달력 – 2021년 9월

2부

북한의 화장품

화장품 종류

화장품은 화장하는데 쓰는 크림, 분, 향수와 같은 물품을 통틀어 지칭하는 용어다. 화장품은 살갗(살결)을 부드럽게 하려고, 깨끗하게 유지하려고, 아름답게 보이려고, 생김 새를 달라 보이게 하려고 쓰고 있다.

2016년 3월 17일 자 『로동신문』에서는 평양화장품 공장을 소개하면서, 평양화장품공장에서 생산하는 제품은 "효능에 따라 일반화장품, 기능성화장품, 치료용화장품으로 구분한 화장품분류체계는 사용부위와 사용목적, 기능성정도, 치료효과에 따라 보다 구체적으로 세분화되어 있다. 또한 제품형태에 따라서도 유화물형, 액형, 겔형, 기름형 등 10여 가지로 또다시 분류"할 수 있다고 소개하였다.

북한에서 화장품을 분류하는 기준은 다음과 같다.

첫째, 쓰임에 따른 분류이다. 쓰임에 따라 크림류(화장크림. 영양크림. 면도크림 등), 향수(일반향수. 머리향수. 위생향수. 산포향수 등), 살결물 및 화장수류(일반화장용 살결물. 면도용 살결물 등), 향분류(화장분. 려발분. 무대분. 땀띠분 등), 연지류, 머릿기름 및 기타 머리화장품, 화장비누 등으로 구분한다.

둘째, 완제품의 조성과 특성에 따른 분류이다. 물 및 알콜계화장품(향수류. 살결물류. 화장수류 등), 기름계화장품(크림류. 머릿기름류. 입술연지류. 비누류 등), 탄산염 및 농마계 화장품(향분류. 치분류. 볼연지류), 특수화장품(위생용화장품. 분장용화장품. 무대분장용화장품. 의약용화장품 등)으로 나눈다.

셋째, 특수화장품이다. 무대분장용화장품과 의약용화장품이 있다. 특수화장품은 화장품공장에서 대량으로 생산하지 않고 무대에서 배우들의 분장을 위하여, 그리고 의사의 진단에 의하여 인체의 어떤 부분을 치료하기

년로자건강교류사의 '아침이슬' 제품

위하여 특별히 만든다.

  넷째, 위생용화장품이다. 위생용화장품은 외부환경, 대기, 미생물의 작용으로부터 살갗, 머리칼, 이발 등을 보호하며, 그것들을 아름답고 건강하게 보존하기 위하여 만든다. 이런 화장품에는 치약, 살갗보호크림, 해빛방지크림, 약용크림 등이 있다.

화장품의 핵심 원료 '개성고려인삼'

북한 화장품의 주요 원료 가운데 하나는 인삼이다. 효능이 우수하다는 개성고려인삼을 주성분으로 한 여러 브랜드의 화장품을 생산한다.

기능성을 강조하는 제품이 많아서인지 브랜드에 상관없이 개성고려인삼을 주요 원료로한 제품이 많다.

신주화장품 공장의 '봄향기' 개성고려인삼 살결물(수렴성) 115ml 제품은 고려인삼이 들어 있다는 것을 볼 수 있게 가운데가 투명한 용기로 포장하였다.

개성고려인삼을 기본으로 한 화장품으로는 은하수 개설고려인삼화장품, 금강산개성고려인삼화장품, 봄향기 개성고려인삼화장품 등이 있다.

개성고려인삼 제품에 대해서는 첨단과학기술을 이용하여 제조한 개성고려인삼추출물을 첨가하여 만들기에 피부의 생리적 활성과 신진대사를 활발하게하고, 혈액순환을 촉진하고 피부보호에도 효과가 높다고 선전한다.

'봄향기 개성고려인삼화장품'에는 "따뜻한 봄빛 산뜻한 향기를 온몸에 느끼게 해주는 봄향기 화장품"이라는 문구와 함께 "개성고려인삼을 주원료로 하고 수십가지 천연기능성약재를 배합한 조선의 이름난 화장품"이라고 강조한다.

개성고려인삼이 보이도록 투명하게 디자인한 봄향기 스킨제품 용기

개성고려인삼을 주원료로 한 봄향기 개성고려인삼화장품 박스

'사과향수, 사과린스, 사과샴프'

'사과향수, 사과린스, 사과샴프'가 있을까? 여러 가지 재료로 향수도 만들고, 린스도 만들지만 '사과'로 만들었다는 이야기는 왠지 낯설다.

『조선문학』 2011년 11호에는 김일왕의 시 〈돌고장의 사과덕이야기〉가 실려있다. 사과자랑 중에 사과향수, 사과린스, 사과샴프가 나온다. 며느리네 과일종합가공공장에서 만들었다는 데….

옛날에 기묘한 돌 셋이 솟아

고장이름 삼석이라 불렀다오

삼석에도 돌이 많아 소문난 도덕땅에

오늘 돌보다 사과가 더 많은 고장

그 고장에 며느리가 산다오

…(중략)…

꿀같이 달디단 사과맛은 어떻구요

사과술 한자에 내 벌써 취했는데

방안 가득 펼쳐놓은 희한한 상품들

가지가지 꼽자면 끝이 없소

사과술 사과즙 사과식초 사과사이다…

백화점 식료품매대 옮겨놓은 듯

사과향수 사과린스 사과샴프…

백화점 화장품매대 그대로인 듯

어느 백화점에서 사왔느냐고 불었더니

아니라오 이렇듯 멋쟁이상품

며느리네 과일종합가공공장에서 만든것이라오[3]

---

3 김일왕, 〈돌고장의 사과덕이야기〉, 『조선문학』, 2011년 11호, 41~42쪽.

돌고장의 사과덕이야기

김 일 왕

옛날에 기묘한 돌 셋이 솟아
고장이름 삼석이라 불렀다오
삼석에도 돌이 많아 소문난 도덕땅에
오늘 돌보다 사과가 더 많은 고장
그 고장에 내 아들 며느리가 산다오

정심이면 돌우에도 돛이 뜬다 하였거늘
그 돌고장에 변이 나지 않았겠소
수령님과 장군님 다녀가신 땅에
오늘은 사과덕이 넘치는 고장이 되였소

몇해전 내 아들이 제대되여 가더니

덩실한 기와집에서 태여난 손자를 안고
아들 며느리 고향집에 오지 않았겠소
나들이보림은 얼마나 화란하오

꿀같이 달디단 사과맛은 머멓구요
사과술 한잔에 내 멀써 취했는데
방안 가득 펼쳐놓은 희한한 상품들
가지가지 둡자면 끝이 없소
사과술 사과물 사과식초 사과사이다…
백화점 식료품매대 올겨놓은듯

사파향수 사파린스 사파샴프…

41

백화점 화장품매대 그대로인듯
어느 백화점에서 사왔느냐고 물었더니
아니라오 이렇듯 멋쟁이상품
며느리네 파일종합가공공장에서 만든것이라오.

맛좋은 사과향기에 마음도 젖었는데
이렇듯 낯설처음 보는 희귀한 제품들이
다름아닌 사과에서 만들어진다니
이것이 변이 아니고 무엇이겠소

과연 사과는 정말 좋은 파일이구려

아, 어버이 우리 장군님
오늘의 이 만복을 안겨주시려
돌서덜길도 앞장서 걸으시며
돌많은 고장을 파일고장으로 펼쳐주셨으니
고장이름도 고쳐불러야 할가보오.
사랑덕 파일덕고장이라고.

『조선문학』 2011년 11호에 실린 김일왕의 시 〈돌고장의 사과이야기〉

금강산화장품 살결물과 물크림 세트

젤라틴과 화장품

화장품 재료 중에 젤라틴도 있다. 「젤라틴과 그 리용」이라는 『로동신문』 2017년 12월 3일자 기사에서는 젤라틴에 대해서 다음과 같이 소개하였다.

젤라틴은 동물의 가죽, 뼈, 힘줄 등의 주요 구성성분인 콜라겐을 여러 가지 방법으로 처리하여 얻은 단백질이다.

젤라틴은 식료공업과 화장품공업, 의학부문에서 기능성 식품과 기능성화장품의 담체로 쓰이고 있으며 제약재료로 널리 리용되고 있다. 젤라틴제품은 미세가루, 얇은 막형태 등으로 생산되며 인체에 필요한 필수아미노산, 여러 종류의 미량원소를 포함하고 있다. 젤라틴은 고기통졸임을 비롯한 고기가공품을 만드는데도 쓰이며 사탕조각에도 적극 응용되고 있다. 젤라틴은 겔형성, 안정, 접착, 분산, 보습 등의 작용을 한다. 그

러므로 당과류첨가제, 고기제품선도보존제, 젖제품첨가제, 식용포장용피막재료 등으로 적극 리용된다.

젤라틴식품은 의학부문에서 효과적으로 응용되고 있다. 젤라틴식품은 관절염 등과 여러 가지 피부병치료에 특효가 있으며 위병에 대한 치료효과가 매우 좋다. 그리고 비만증을 예방하는데 좋은 효과가 있으며 더욱이는 페병과 당뇨병환자, 열나는 환자에게 좋은 영양식품으로 된다. 또한 젤라틴은 화장품공업에서 물크림, 살결물을 비롯한 고급화장품의 첨가제로 적극 응용되고 있다. 최근년간 우리 한덕수평양경공업종합대학의 연구 집단은 과학연구사업을 진행하여 젤라틴제품을 더 많이 생산할 수 있는 연구성과를 거두었다.[4]

4 「젤라틴과 그 리용」, 『로동신문』, 2017년 12월 3일.

살결물(수렴성, 보습성)

'살결물'은 '스킨'의 북한식 표현이다.

살결물에는 수렴성 살결물, 보습성살결물이 있다. 일반 살결물은 에킬알콜, 클리세린, 개성고려인삼 및 고려약추출물, 포도씨폴리페놀, 히알루론산, 향료를 주요 원료로 한다.

살결물은 '피부에 충분한 수분을 보충해주고 고려약 활성성분들이 피부의 깊은 층까지 신속히 침투되어 피부를 부드럽고 탄력있게 해주며 노화를 지연시키고 주름이 생기는 것을 방지한다'고 강조한다.

수렴성 살결물은 글리세린, 에틸알콜, 레몬산, 개성고

봄향기 개성고려인삼 화장품 3종 세트

려인삼 및 고려약추출물, 향료를 주원료로 한다. 피부의 pH와 수분균형을 바로 잡고 매끄럼성과 탄성을 높이며 노화를 방지하는 효과가 있다.

세안이나 면도 후 적당한 양을 얼굴과 목부위에 골고루 바르고 가볍게 두드려 흡수시킨다.

보습성살결물은 글리세린, 프로필렌글리콜, 에틸알콜, 개성고려인삼 및 고려약추출물, 비타민 C, 향료를 주요 원료로 한다.

혈액순환을 촉진하고, 신진대사를 활성화시키며 강한 보습작용에 의한 피부의 유연성을 보장하여 주름살 예방에 효과가 있다고 한다. 적당한 양을 얼굴과 목 부위에 골고루 바르고 가볍게 두드려 사용한다.

크림(일반크림, 물크림, 세수크림, 영양크림, 분크림, 밤크림)

크림은 기본 화장을 위한 바탕화장품으로 피부호흡에 지장 없이 영양보호막을 형성하여 냉, 온, 습기, 유해가스, 먼지, 자외선으로부터 살결을 보호하여 피부 탄력, 노화방지 작용을 한다.

북한에서 권장하는 크림사용법은 다음과 같다.

일반 크림은 스쿠알란, 세틸알콜, 미리스틴산이소프로필, 자외선흡수제, 개성고려인삼 및 고려약추출물, 히알루론산, 활성콜라젠펩티드, 포도씨폴리페놀, 비타민 E, 향료 등을 주원료로 한다.

크림 제품은 자외선으로부터 피부를 보호하고 피부의

중국 단둥 기념품점에서 판매 중인 북한 크림

pH를 조절하여 사용 후 부드럽고 매끈하며 건강한 피부로 만들어 준다.

크림은 피부의 수분과 유분의 평형을 유지해준다. 유효성분들이 피부의 깊은 층까지 신속히 침투되어 노인 반점이 생기지 않게 해주어 피부가 부드럽고 윤택이 나며 탄력있게 해주고 노화를 지연시키고 주름 방지효과가 있다. 살결물을 사용한 후 적당한 양을 균일하게 바른다.

제품의 성분과 효능을 표기한 봄향기 BB 크림

물크림은 스쿠알란, 미리스틴산이소프로필, 프로필렌글리콜, 개성고려인삼 및 고려약추출물, 비타민 E, 향료를 주 원료로 사용한다.

물크림은 피부의 기름과 수분의 평형을 조절해주며, 보습성과 습윤성을 주어 피부를 부드럽고 탄력이 있으며, 청신하게 해준다. 살결물을 바른 후 적당한 양을 얼굴과 목부위에 가볍게 안마하여 흡수시킨다.

세수크림은 피부속의 오염물질을 깨끗이 제거해주고 미백성분이 피부깊은 층에 빨리 침투되어 피부를 2-3주 동안에 밝게 해준다. 아침과 저녁에 적당한 양을 손에 덜어 젖은 얼굴에 바른 후 가볍게 마찰하고 맑은 물로 씻어낸다.

영양크림은 미리스틴산이소프로필, 프로필렌글리콜, 포도씨폴리페놀, 히알루론산, 활성콜라겐 펩티드, 비타민 E, 불로초배양액, 개성고려인삼 및 고려약추출물, 향

미래브랜드 화장품

료 등을 주 원료로 한다.

영양크림은 천연활성 성분들을 피부를 맑고 윤기나고
탄성있게 해주고 노인 반점과 잔주름을 없애는 기능이
있다. 저녁에 세면 후 적당한 양으로 얼굴에 가볍게 안
마하여 흡수시킨다.

분크림은 스테아린산, 미리스틴산이소프로필, 나노이산화티탄, 자외선흡수제, 히알루론산, 개성고려인삼 및 고려약추출물, 비타민 E, 향료를 주 원료로 사용한다.

분크림은 피부의 흠과 어두운 피부색을 가려주어 피부가 밝고 생기있어 보이게 해주며 해빛 속의 자외선을 차단하여 피부가 해빛에 타서 검게 되거나 주름이 생기는 것을 방지한다. 크림 또는 물크림을 사용한 후 적당

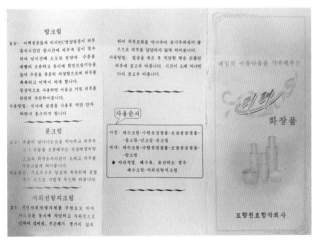

미래화장품 밤크림 설명서

한 양을 얼굴과 목부위에 고르게 바른다.

밤크림은 피부에 영양을 공급하는 것이 기본 기능이다. 스쿠알란, 세틸알콜, 미리스틴산이소프로필, 개성고려인삼 및 고려약추출물, 비타민 E, 살구씨기름, 향료를 주요 원료로 한다.

밤크림은 피부의 혈액순환을 촉진하고, 단백질과 영양성분을 높여 신진대사를 활성화한다. 영양성분들이 피부의 깊은 층까지 침투되어 피부에 영양을 부여하고 피부가 탄력있고 생기가 있으며 건강한 피부로 개선해 준다.

밤크림은 잔주름을 없애고 깊은 주름을 예방하며 피부병(북한에서는 살갗병)을 미리 막는데 유익하다. 저녁에 살결물을 사용한 후 적당한 양을 가볍게 안마하여 흡수시킨다.

머리영양물

머리영양물은 머리피부와 머리칼을 보호하는 화장품이
다. 봄향기 화장품 설명서에는 머리영양물에 대해서 다
음과 같이 소개하였다.

　머리피부와 머리칼을 보호하고 비듬과 탈모를 방지하며, 머리
　카락에 광택을 준다.
　머리를 감은 후 또는 일상적으로 적당량을 머리피부와 머리
　카락에 골고루 바르고 머리를 빗는다.
　눈에 들어가지 않도록 주의한다.

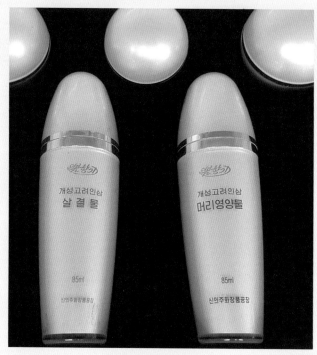

봄향기 화장품 7종세트 구성품 중에서 살결물과 머리영양물

미백영양물

미백영양물은 피부에 영양분을 주는 스킨의 하나이다.

미백영양물은 코지산배약액, 히알루론산, 콜라겐펩티드, 비타민 E, 개성고려인삼 및 고려약추출물, 향료를 주원료로 한다.

"피부의 혈액순환을 촉진하고, 신진대사를 원활히 할 수 있도록 도움을 준다. 피부에 수분과 영양을 보충하고 멜라닌 형성을 억제함으로써 피부를 맑고 밝게 하면서 주름살이 생기지 않도록 하는 데 도움이 된다."

미백영양물은 살결물(스킨)을 바른 후 적당한 양을 가볍게 안마하여 흡수시킨다.

3 월

여성을 모델로 한 그림 달력 – 2021년 3월

3부

화장품, 사랑의 선물

'3·8국제부녀절'에 받아보는 사랑의 선물 '봄향기'

세계적으로 호평을 받고있는 《은하수》, 《봄향기》, 《미래》화장
품들은 우리 녀성들에 대한 위대한 수령님들과 경애하는 최
고령도자동지의 뜨거운 사랑과 은정의 숭고한 결정체이다.[5]

화장품은 김일성, 김정일 체제에서 당의 은덕을 상징
하였다. '3·8국제부녀절'을 비롯하여 국가의 주요 명절
에 당에서 특별하게 배려한 사랑의 선물이었다.

여류시인 렴형미는 화장품을 받은 기쁨을 다음과 같
이 노래했다.

---

5 길수미, 『화장과 우리 생활 : 누구나 아름다워질수 있다』(조선출판
물수출입사, 2017), 4쪽.

안해(아내의 북한식 표현)를 더없이 사랑하는 남편들도

꿈에도 미처 생각지 못했던 일

어쩌다 안겨주는 한송이 꽃에도

귀뿌리 붉어지는 소박한 녀인들에게

지난해 3.8국제부녀절에는

얼마나 큰 행복 파도쳐왔던가

위대한 선군령장 김정일장군님께서

그 많은 일, 그 먼 전선길 다 미루시고

녀성근로자들의 친아버지가 되시여

명절경축공연을 함께 보아주셨나니

봄향기화장품까지 한아름 안겨주셨어라[6]

선군시대 그 어려움 속에서도 김정일장군님께서 그 많은 일, 그 먼 전선길을 다 미루고 여성근로자들의 친아버지가 되어서 경축공연도 함께 보아주시고, 봄향기

---

6   렴형미, 〈선군시대 녀성의 노래〉, 『조선문학』 2009년 8호.

장시

선군시대 녀성의 노래

렴형미

1

두번 다시 태여난대도
나는 녀성으로 태여나고싶어라
선군의 이 시대
사랑깊은 이 대지에
존엄높은 아버지의 딸로…

한줄기 바람도 나를 위해 따뜻하고
한송이 눈꽃도 나를 위해 깨끗한
이 맑은 하늘아래
하냥 행복히 살고싶어서

어머니 나를 이 땅에 낳아준것은
얼마나 고마운 일이냐
세상을 둘러보면 아직도 녀성은 천덕꾸러기
돈과 권세에 짓밟히는 노예
그러나 나는 산다
세상에 하나밖에 없는 녀성의 락원에서

어디를 가봐도
녀성박사 녀성지배인 녀성담당군…
우리 녀성들 그 누구에게나
150일간이나 산전산후휴가를 주며
특대우의 사랑에 떠받들어주는 나라

평범한 근로녀성들의
아름다운 보석반지를 위해
칠칠야밤에 야전차가 달리고
나라의 수령이 시간을 내여
축복이 흥건히…
딸들의 이름까지 지어주는 땅

엄혹한 시련의 날에도
조국이 녀인에게 준 사랑을 알려지는
물어보라, 군인가족예술소조공연의 주인공들
에게
우리 장군님 바쁨없이 모아주시며
《선군혁명의 제2나팔수》 들이라고
믿음과 은정 다 안겨주신 군편의 안해들에게

붙어보라, 천만금의 비행기를 띄워
상했던 얼굴을 다시 찾아주신
그 아름다운 녀인에게
장든 포전길에서 장군님을 만나뵈옵고
꿈같은 영광을 다 받아안은
한드레벌 예국농민 녀성에게

그러면 알수 있으리
이 나라 녀인들이 어찌하여
행복한 날에보다 어려운 날에
이토록 강해지고 아름다워지고
조국과 그리도 정깊어졌는가를

안해를 더없이 사랑하는 남편들도
꿈에도 미처 생각지 못했던 일
어쩌다 안겨주는 한송이 꽃에도
귀뿌리 붉어지는 소박한 녀인들에게
지난해 3.8국제부녀절에는
얼마나 큰 행복 파도쳐왔던가

위대한 선군령장 김정일장군님께서
그 많은 일, 그 먼 전선길 다 미루시고
녀성근로자들의 친아버지가 되시여
명절경축공연을 함께 보아주셨나니
봄향기화창폭까지 한아름 안겨주셨으리라

그 하루 녀성들의 기쁨을 위해
화장품을 실은 특별렬차가 밤을 달리고
새벽 3시에 우리 장군님께서 마중나오셨던들
아, 그 시간 남편과 아이들곁에
단잠들었던 이 나라 녀인들 어이 알았으랴

녀인의 심장은 눈물주머니인가
큰그림 향긋한 두물로 때없이 흐르는 눈물
진달래빛연지처럼 입술로 끝모르는 흐느낌
은분에 마음에 복데이게 풍기는
그윽하고 유별한 봄향기
어디서 엄일이 풍어오는가

하늘에서 구름에서 강남에서 오는가
토죽토죽 움트는 파아란 잔디에서 오는가

9

화장품까지 안겨주셨다는 감격을 벅찬 마음으로 노래하였다. 장군님이 3·8국제부녀절을 맞이하여 여성 근로자들을 생각하고 화장품 선물을 주기로 하였다. 그 선물을 실은 특별열차가 밤을 달렸고, 김정일장군님은 새벽 3시에 열차를 마중 나가셨다는 것이다.

사실일까?

사실 여부는 중요하지 않다. 언론으로 보도가 나갔을 것이고, 시인의 입을 빌려 세상에 알려졌으니 의심할 바 없는 사실이 되었다. 인민 사랑의 위대한 서사가 탄생하는 순간이다.

어떤 이야기든 서사가 붙으면 자체의 힘이 작동하기 시작한다. 우리가 알고 있는 전설이나 설화들이 모두 그렇다.

'뒤를 돌아보지 말라'고 했는데, 뒤를 돌아보다가 바위가 되었다는 '장자못' 전설은 전국 호수가 있는 곳이면

어디에서나 찾을 수 있다. 콩쥐팥쥐 이야기는 대한민국 사람이면 모르는 사람은 없을 것이다. 착한 콩쥐와 나쁜 언니 팥쥐의 이야기는 권선징악을 대표하는 동화이다. 이 이야기를 사실이냐 아니냐를 따지는 사람은 없다. 콩쥐팥쥐 이야기가 신데렐라를 모티브로 한 창작설화라는 것을 알면 배신감이 충만할 것이다.

이야기의 힘

시간이 지나면 기억은 새로운 지위를 얻는다. 남남북녀의 사항을 환타지로 그린 드라마 〈사랑의 불시착〉도 전설로 남을 것이고, 분단 시대의 고전으로 기억될 것이다. 아류도 만들어실 것이다. 극적인 것을 좋아하는 인간들이 만들어내는 이야기는 믿고 싶은 심정이 중요하다.

이야기는 힘이 있다. 스토리텔링의 힘이다. 그렇게 장군님의 실화는 문학이 되었고, 3·8국제부녀절이면 누구나 기억하는 시로 남았다. 화장품이 시가 되고, 장군님의 은덕의 상징으로 자리매김하는 순간이다.

김윤걸·박종철, 〈(장시) 백일낮, 백일밤〉,『로동신문』
(2012. 03. 25)에도 3·8국제부녀절에 사랑의 선물로 '봄향
기'화장품을 선물 받은 기쁨을 노래한 구절이 나온다.

김윤걸·박종철, 〈백일낮, 백일밤〉,『로동신문』 2012년 3월 25일.

3·8국제부녀절을 맞은 화장품 판매대

'봄향기' 화장품에 얽힌 일화
: 소설 〈봄향기〉, 예술영화 〈봄향기〉, 동시童詩 〈봄향기〉

북한에서 문학이 감당해야 할 몫의 하나는 서사를 창조하는 것이다. 국가가 지향하는 서사를 감동적으로 만들어 내는 것이다.

화장품에 스토리를 담는다. 지금 우리가 쓰고 있는 화장품이 얼마나 귀중한 것인지를 스토리에 담아 보여준다. 화장품 하나하나에 장군님, 원수님의 사랑이 담겨 있다. '보잘 것 없고, 품질이 비록 부족해 보이지만 그 화장품에는 애국의 마음이 담겨 있다'고 말한다.

소설 〈봄향기〉

화장품에 얽힌 장군님의 일화도 있다. 소설 〈봄향기〉는 『조선문학』 2009년 12호에 수록된 박혜란의 소설로

『조선문학』 2009년 12호에 수록된 박혜란의 단편소설 〈봄향기〉

신의주화장품 공장의 '봄향기' 화장품 개발에 얽힌 이야기가 소재이다.

화장품의 원료가 되는 남신의주 석두산 샘물을 발견하기까지의 이야기로 석두산 샘물을 화장품 원료로 이용하라는 김정일의 생전 모습을 떠올리며 뜻을 받들어 기어이 샘물을 찾아낸다는 줄거리이다.

영화 〈봄향기〉

소설 〈봄향기〉는 같은 제목의 예술영화로도 만들어졌다. 조선예술영화촬영소에서 2005년에 〈봄향기〉라는 타이틀로 90분 길이의 영화로 제작하였다. 리학현과 김국성이 영화문학(시나리오)를, 전광일이 연출을 맡았고 황룡철이 촬영하였다. 화장품을 배경으로 한 영화로 신의주화장품공장에서 후원하였다.

신의주 화장품공장에 새로운 공정기사로 제대군인 김영준이 배치되어 왔다. 김영준은 오자마자 화장품에 대한 박식한 지식으로 기술준비실 처녀들의 마음을 사로잡았다. 다만 공장 연구사로 대학에서 영준과 대학 같은 과 동기인 리지향과는 감정이 좋지 않았다. 리지향이 개발한 여과법을 사용한 결과 수질이 국제 수준에 도달했는데, 수질연구사도 아닌 공정기사인 영준이 반대했기 때문이었다.

지향의 말을 들은 도당책임비서가 장군님의 일화를

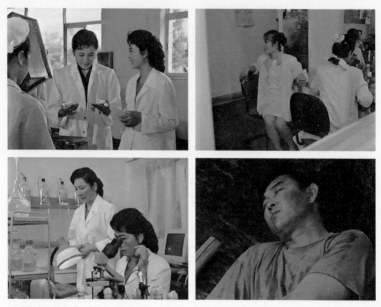

박혜란의 소설 〈봄향기〉를 모티브로 한 예술영화 〈봄향기〉

들려주었다. 장군님이 일선의 한 부대를 시찰하였다가 치약을 집어 들고 유심히 살펴보다, '유통기한이 지나지 않는 치약에서 치약물이 흘러내렸다는 것은 품질의 문제다. 아무리 음료수를 정제해서 쓴다고 하지만 이것은 한계가 있으므로 화장품이 좋아지려면 물이 좋아야 한다'면서 '자연성 무균수無菌水를 찾아서 써야 한다'고 강조하였다는 것이다.

영준은 장군님이 말씀하신 것은 무균성 샘물인데, 장군님 말씀을 온전히 실천하기 위해서는 샘물도 100% 완전해야 한다면서 밤낮없이 샘물을 찾아 나섰다. 마침내 영준은 석화산 형제바위 밑 샘물을 찾아 낸다.

형제바위 아래서 샘물을 파기 위해 밤새 일하다 모두들 지쳐 잠든 아침 샘물이 솟아나고 모두들 환호하는 가운데 지친 영준은 쓰러진다. 병실에 누운 영준을 바라보며 모두들 분석결과를 초조히 기다리는 데, 뜻밖에 균이 검출되었다는 소식을 들었다.

영준을 걱정하는 가운데 마침 당에서 전화가 오고 장군님이 무균수에 관심을 갖고서 새로운 설비와 과학자들을 보내기로 하였다는 사실을 전한다. 이어 도착한 과학원 연구실장은 장군님께서 물 시료를 분석한 결과 자꾸만 세균이 나오는데, 이것은 채취하여 오는 과정에서 온도 문제로 발생할 수 있다면서 냉동탑차를 보내 시료를 채취하여 분석하라고 하였다는 말을 전한다. 새로운 분석 결과 샘물은 완전무균한 샘물로 판결이 났다.

지배인은 완전 무균수를 찾아낸 영준을 격려하고, 영준은 이 샘물은 우리가 발견한 것이 아니라 장군님이 찾은 것이라면서 말하고 사람들은 감격해 한다. 리지향은 영준에게 자신이 오해한 것을 사과하고 두 사람은 화해한다. 화장품 공장은 다시 활기차게 돌아가고 각종 생산품이 넘쳐나면서 인기리에 판매되는 것으로 끝난다.

영화의 마지막에는 김정일 국방위원장이 신의주화장품 공장을 방문한 사진이 나온다.

동시 〈봄향기〉

동시 〈봄향기〉는 『아동문학』 2018년 8호에 실린 강은경의 동시이다.[7]

옛말에 나오는 고와지는 샘

그 샘물로 우리 엄마 얼굴 씻었나

《봄향기》화장품 바르고 나서니

세상에서 제일 고운 꽃이 됐어요

날마다 고와지는 울엄마 얼굴

옛말의 수정샘 요술 부렸나

아니아니 원수님사랑 끝없어

정말 고운 울 엄마 얼굴이지요

무더운 여름날에도 겨울날에도

찾고 또 찾으신 원수님사랑

---

7 화장품과 동시童詩에 대한 연구는 마성은, 「화장하는 여성과 시대풍자」, 남북문학예술연구회, 『감각의 갱신, 화장하는 인민』(살림터, 2020) 참고. 화장품 소재 동시는 이 논문에서 재인용하였음.

엄마들 누나들 얼굴에 비껴

집집마다 봄향기 불러왔지요.[8]

소설 〈봄향기〉, 예술영화 〈봄향기〉, 동시 〈봄향기〉의 소재는 모두 하나이다. 이쯤이면 '봄향기' 작품 3종 세트라고 불러도 무방하다.

하나의 이야기가 여러 형태로 반복적으로 재현된다. 자연산 무균수 생물을 찾는 과정부터 신의주화장품공장의 화장품 '봄향기'에 대한 하나의 서사를 기억하게 되고, 공동의 정서를 갖게 되는 것이다. 그렇게 화장품 하나에까지 집단적인 공통의 기억은 이렇게 조직된다.

8   강은경, 〈봄향기〉, 『아동문학』 2018년 8호, 22쪽.

원수님 사랑 넘친 '은하수' 화장품으로
맵시쟁이 선녀가 된 누나

김정일 시대까지 신의주화장품공장의 '봄향기'화장품이 장군님의 사랑을 대표하는 선물이었다면 김정은 시대에는 평양화장품공장의 '은하수'화장품이 그 자리를 넘보고 있다.

《은하수》 화장품이 참 좋은가 봐요
아까부터 우리 누난 거울앞에서
크림이랑 연지곤지 곱게 바르고
반달모양 눈섭까지 곱게 그려요

나도 교복입고서 맵시보고싶은데
거울앞에 그냥 서서 향수까지 착착
정말이지 우리 누난 맵시쟁이야

옷맵시에 얼굴맵시 배우보다 더 고와

굽실굽실 윤기도는 멋진 파도머리에
고착제[9]도 바르며 우리 누난 호호호
꽃같은 모습으로 거리에 척 나서면
온 거리가 환해지고 봄향기가 넘친다나

나도 좋아 해해해 할머니도 호호호
만리마 탄 혁신자로 소문난 우리 누나
원수님사랑넘친 고급화장품덕분에
꽃보다 더 예쁜 맵시쟁이선녀됐대[10]

　『아동문학』 2018년 1호에 실린 류경철의 동시 〈맵시쟁이 우리 누나〉이다. 거울 앞에 앉아 '은하수'화장품을 바르는 누나를 바라보던 동생의 시선으로 쓴 시이다.

9　헤어스프레이.
10　류경철, 〈맵시쟁이 우리 누나〉, 『아동문학』 2018년 01호.

어린 남동생의 눈에는 화장한 누나가 맵시있는 선녀
처럼 보였나 보다.

누나는 "맵시나는 교복을 입고, 윤기나는 멋진 파도머
리에 고착제"도 발랐다. 교복을 입었고 파도머리를 한
것으로 보면 대학생인 듯하다. 고급중학교(우리의 고등학교)
누나를 대상으로 화장하는 시를 쓰기에는 아무래도 어
려 보였나 보다.

누나를 바라보는 사랑스러운 동생의 목소리는 '만리
마 탄 혁신자로 소문난 우리 누나 / 원수님 사랑 넘친 고
급화장품 덕분'으로 이어진다.

원수님 사랑넘친 고급화장품으로 화장때문에 선녀가
된 누나라 …. 동시童詩라 하기엔 너무 성숙한 느낌이다.

김정은 시대 화장품 찬가,
은하수 화장품으로 고와지는 엄마 얼굴

2018년 『아동문학』에는 2호에는 '은하수' 화장품으로 얼굴이 고와진 엄마가 나온다.

이 아침도 거울앞에
마주앉아서
화장하는 우리 엄마
얼굴을 좀 봐

샘물같은 《은하수》
살결물우에
분크림 발라가니
우유빛이야

빨간 연지 살짝살짝

다독여가니

아이참 어쩌면

꽃송이같애

그 얼굴 참말 예뻐

다시 엿보니

가슴뭉클 젖어드는

원수님사랑

엄마들 모두모두

고와지라고

《은하수》 화장품도

보아주셨지

봄날처럼 환해지는

온 나라 모습

질좋은 화장품에

평양화장품공장의 은하수화장품 세트

담아주셨지[11]

    화장하는 엄마를 소재로 한 동시이다. 엄마의 얼굴을 고와지도록 한 것은 원수님이 보낸 '은하수' 화장품이었다로 끝난다.

    화장품에 대한 서사가 확장하는 과정에서 여러 편의 동시가 쓰여졌다. 청소년들에게도 공감해야 할 필요성이 크기 때문일 것이다.

11   김성희, 〈고와지는 엄마얼굴〉, 『아동문학』 2018년 02호, 37쪽.

선물화장품 〈봄향기〉, 〈선녀〉가 인기

화장품에 대한 동향을 실은 기사를 『로동신문』에서 보는 것은 낯선 일이 아니다. 특히 3월 8일이 되면 화장품 관련 기사가 필수적으로 게재된다. '3·8국제부녀절'은 여성을 위한 명절로 일찍부터 자리 잡았다. 당에서 화장품을 사랑의 선물로 내려주는 날도 3월 8일이다.

2017년 3월 7일 『로동신문』에는 '3·8국제부녀절'을 앞두고 화장품이 선물로 인기라는 기사를 실었다.

3.8국제부녀절을 맞이한 수도의 상업망들에서 녀성화장품에 대한 수요와 인기가 매우 높았다. 평양제1백화점의 화장품 매대들도 많은 사람들로 흥성거렸다. 1, 2, 3층의 화장품 매대들에는 〈봄향기〉,〈선녀〉, 〈미래〉, 〈은하수〉상표를 단 다종다양한

화장품들이 진렬되여 있다. 화장품들은 모두 신의주화장품공장, 평양화장품공장 등에서 생산되는 국산품들이다.

녀성중시, 녀성존중의 사회적 분위기가 더욱 고조되는 3·8국제부녀절을 계기로 많은 남성들이 녀성들에게 안겨 줄 기념품으로 화장품들을 마련하였다. 자기 안해나 직장과 부서에서 함께 일하는 녀성들이 더욱 아름답고 젊어지기를 바라는 심정으로 남성들은 화장품 구입에 여념이 없었다. 〈3·8국제부녀절을 축하합니다!〉라고 쓴 화장품곽포장이나 구럭들은 보는 사람들의 눈길을 끌었으며 기념품의 의미를 부각시켰다.

특히 〈봄향기〉, 〈선녀〉상표의 화장품들에 대한 구매력이 높았다. 신의주화장품공장(평안북도)에서 생산되는 〈봄향기〉화장품은 대중적 수요가 가장 높은 인기상품으로 되고 있다. 미백, 보습, 자외선방지효과를 내는 살결물, 물크림, 영양물, 영양제 등의 제품들은 장생불로의 명약으로 알려진 개성고려인삼과 불로초를 주성분으로 하고 있다.

1층 화장품매대의 류은경 판매원에 의하면 올해 명절에는 〈봄
향기〉화장품과 함께 새로 개발된 〈선녀〉화장품들이 또한 큰
인기라고 한다. 〈선녀〉화장품은 아름다움과 젊음, 건강을 담
보해주고 있으며 선진기술을 도입한 효능높은 기능성 화장품
으로서 최고의 천연보습제인 히알루론산과 개성고려인삼성
분 등이 들어있다. 분크림, 살결물, 물크림 등은 미백, 보습, 광
택, 영양효과는 물론 검버섯과 주근깨, 여드름 등을 제거하고
주름개선, 로화방지, 자외선방지를 비롯한 기능성이 뚜렷하다
는 것이 사용자들의 평가이다.

중학시절의 옛 스승을 위해 〈선녀〉화장품을 고른 한 남성대학
생은 〈해마다 3.8절에 선생님에게 〈봄향기〉화장품을 선물하
였다. 선생님이 보다 활력과 정력에 넘쳐 후대교육사업에서
더 큰 성과를 이룩하시기를 바라며 올해에는 새 기능성화장
품을 드리고 싶다.〉고 말한다.[12]

12 「선물화장품 〈봄향기〉, 〈선녀〉가 인기-3.8국제부녀절을 맞이한 평
양의 상업망들에서」, 『로동신문』, 2017년 3월 17일

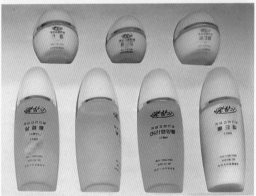

봉향기 7종세트

위대한 김일성동지와 김정일동지는 영원히 우리와 함께 계신다

주체 110
2021

여성을 모델로 한 그림 달력 – 2021년 표지

4부

사회주의 문명국과 화장

사회주의 문명국과 인민생활

사회주의 문명국은 김정은 시대가 시작한 2012년부터 강조하는 국가 발전 목표이다. 사회주의를 유지하면서 높은 문명의 국가를 건설하겠다는 목표다.

김정은 체제에서 화장은 '사회주의 문명국'의 국민으로서 권리가 되었다. 김정은 체제에서 화장은 인민을 위한 봉사활동이 되었다. 사회주의 문명국의 국민으로서 마땅히 누려야 할 권리이고, 그런 권리를 누릴 수 있도록 발빠르게 새로운 상품을 만들어내는 것이 새로운 과제가 되었다.

국가 발전 목표는 시대에 따라 달라진다. 남북이 먹고 사는 문제가 가장 중요했을 때는 잘 먹고 사는 것으로 경쟁했다.

김일성 시대에는 '흰쌀밥에 고깃국을 먹고, 비단옷을 입고, 기와집에 사는 것이 이상향이었다. 김정일 시대의 국가 발전 목표는 '사회주의 강성대국'이었다. '사회주의 강성대국'은 김정은 시대를 들면서, '사회주의 강성국가'로 바뀌었다.

'강성대국'보다는 '강성국가'가 살짝 낮아진 감은 있다. 그러면 '강성국가란 무엇이냐?'는 질문에 대해 구체적으로 내놓은 답변이 바로 '사회주의 문명국'이다.

'사회주의 문명국'은 김정은 체제가 시작된 2012년 1월 1일 신년사를 통해 제시되었다. '사회주의 문명국'이란 사회주의 체제를 유지하면서, 인민들이 발전된 문명을 누리는 사회이다. 김정은 시대에는 인민들이 선진화된 문명을 누리면서 살도록 하겠다는 것이다.

김정은의 '사회주의 문명국' 건설이 가능할까?

알 수는 없다. 하지만 공식적으로 그렇게 가기로 한 이상 사회주의 문명국 건설은 꾸준하게 김정은 시대의 목표가 될 것이다. 사회주의 문명국이 이전의 국가 아젠다와 다른 점은 '향유'이다. '향유享有'. '즐기고 누린다'는 의미이다. 북한과는 잘 어울릴 것 같지 않다. '누릴 것이 무엇이 있다고', '즐길 것이 무엇이 있다고'. '향유'가 새삼스러운 것은 북한이 강조했던 것은 늘 '혁명하자', '건설하자', '만들자'는 것이었기 때문이다.

북한은 언제나 혁명의 사회이고, 투쟁의 사회이다. 새벽부터 밤늦게까지 일해야 하는 사회이다. 그렇다고 삶이 크게 나아지지도 않아 보이는 노동강도가 매우 강한 사회이다.

'새벽별 보기 운동', '천리마운동'으로 새벽부터 허리가 휘어지도록 노동해도 먹고 살기 어려운 사회인데, '향유'라는 말이 가당키나 한 말인지 싶다.

김정일 시기에 익숙한 국가 발전 목표는 '사회주의 강성대국'이었다. '사회주의 강성국가'로 살짝 낮아지기는 했지만 언제 이룰 수 있을지 모르는 낭만적 목표였다. 사회주의 강성대국이든 강성국가이든 인민들에게 열심히 노력해서 만들어 나가자는 것을 강조했다.

북한의 대표적인 대중동원 구호인 '천리마 운동'처럼 새로운 국가 건설은 천리마 기세를 더욱 세게 몰아 새로운 사회를 건설하자는 것으로 수렴되었다. 새로운 목표는 늘 인민의 혁명적 열정과 투쟁을 요구하는 새로운 방식의 열정페이였다.

2016년 조선로동당 제7차 당대회가 있었다. 당대회 첫날 보고에 나선 김정은은 "사회주의 문명강국을 세우는 것이 사회주의 강국 건설의 중요한 목표"라는 것을 다시 한번 강조하였다.

우리는 사회주의 문명강국 건설을 다그쳐 전체 인민을 풍부

한 지식과 높은 문화적 소양을 지닌 사회주의 건설의 힘 있는 담당자로 키우며 인민들에게 유족하고 문명한 생활을 마음껏 누릴 수 있는 조건과 환경을 마련해 주어야 한다.

'사회주의 문명국 건설'의 키워드 중 하나가 '향유'이다. 사회주의 문명국가 건설는 건설해야 하는 사회인 동시에 인민이 사회주의 문명국의 혜택을 '향유'하는 사회임을 선언하였다.

사회주의 문명 강국을 건설하면서, 인민들에게 물질문화 생활을 누릴 수 있도록 조건과 환경을 마련해 주어야 한다고 하였다.

문명강국 건설은 전체 인민이 세상에 부럼 없는 행복한 세상을 마음껏 누리기 위한 필수적 요구다. 곧 그들에게 유족하고 문명한 물질문화 생활을 보장해 준다.[13]

사회주의 문명을 향유할 수 있는 조건을 마련하기 위

한 구체적인 사업이 진행되었다. 평양을 중심으로 유희장을 건설하고, 수영장을 비롯한 체육시설을 만들었고, 해당화관을 비롯한 편의봉사시설을 새롭게 개건하거나 건설하였다.

평양에서 시작된 바람은 지방으로 퍼져나가고 있다. 전국에 체육과 문화시설이 세워지고 있으며, 이렇게 세워진 문화시설을 누리라고 말한다.

인민들의 향유는 조건적이다. 경제력이 뒷받침되어야 한다. 열심히 노력해서 돈을 벌고, 그 돈으로 누려야 하기 때문이다. 서비스 분야의 사업을 인민 경제와 연결한 경제정책의 전환이다. 가장 많은 소비 분야의 하나가 화장품이다. 먹고, 놀 수 있는 문화시설과 함께 화장품이 사회주의 문명국의 인민을 유혹하고 있다.

13 명광순, 『사회주의문명강국건설에 관한 주체의 리론』(평양: 사회과학출판사, 2017), 61쪽.

고급스런 이미지를 강조한 미래화장품

화장, 시장에서 산업으로

시장이 커지면 산업이 된다. 시장에 물건이 엄청나게 잘 팔리면 공장에서는 그 물건을 많이 만들어야 한다. 계속해서 많이 만들다 보면 하나의 산업으로 자리 잡게 된다.

김정은 시대에는 전에 없이 강조하는 산업이 두 가지가 생겨났다. 서비스 산업과 소비재 산업이다.

김정은의 출발은 인민생활 분야였다. 가장 먼저 시작한 것이 유희장 건설이었다. 낡고 오래되어서 사용하지 못할 것 같았던 유희장을 보수하였다. 새로운 유희장도 만들었다. '김정은의 유희장 정치'라는 말도 나왔다.

유희장을 건설하고, 체육시설을 확충하고, 놀이공원을

만들었다. 문수물놀이장은 사회주의의 건재와 위용을 자랑하듯이 대규모로 건설하였다.

유희장을 만들어야 하는 명분은 인민대중 제일주의였다. 인민대중이 중요하고, 인민대중의 생활이 중요하다는 것이다.

속사정은 무엇일까? 서비스 산업의 육성이었다. 서비스 산업을 통해 내부 경제를 촉진하고자 하였다. 인민을 위한 편의시설을 만들었으니 인민들에게 즐기라고 등을 떠밀었다.

문수물놀이장에서는 물놀이도 할 수 있고, 사우나도 할 수 있고, 커피도 마실 수 있고, 맥주도 마실 수 있고, 배구나 탁구도 할 수 있고, 음료수도 마실 수 있다.

인민을 위한 낙원이자 이상향이다. 하지만 인민을 위한 낙원은 자본 위에 서 있다. 외부음식은 반입 금지이다. 먹고 놀고 하는 모든 것을 안에서 해결해야 한다.

공짜일까? 그렇지는 않다. 북한에도 공짜는 사라지고 있다. 인민들이 무료로 찾는 곳이 있지만 많은 곳이 유료이다. 최근에는 고속도로도 유료화하였다. 일부이기는 하지만 …

돈이 있으면 보다 누릴 수 있는 것이 많아졌다. 자본의 영향력이 높아졌고, 많은 것을 차이나게 한다. 그것도 좀 더 많은 돈을 내면 좋은 곳을 갈 수 있다.

좋은 곳에서 즐기고 쉬고, 좋은 휴대폰을 갖고, 택시를 타고 다니며, 이탈리아 식당에서 스파게티를 먹고, 손전화기 앱으로 짜장면을 배달시켜 먹을 수 있다. 돈이 있으면 …

선물용 화장품매대

사회주의 문명국과 화장化粧

사회주의 문명국건설은 여성들에게도 영향을 미쳤다. 사회주의 문명국에서 화장은 "사회의 꽃으로 불리우는 여성"들이 갖추어야 할 기품이 되었다.

여성들이 "몸단장을 아름답고 고상하게"하고, "그에 어울리게 화장을 세련되고 우아하게 하는 것"은 높은 문화 수준을 지니고 최상의 문명을 향유하는 사회주의 문명국의 생활이 되었다.

'향유'는 체육과 문화를 넘어 기본 욕구에 대한 문제로 이어졌다. 여성들에게는 자신의 미적 욕구를 실현할 것으로 이어졌다. 물론 사회적 관습과 미풍美風을 넘어설 수는 없지만.

김정은 체제는 왜 여성 문제에 관심을 갖게 되었을까.

북한에서는 인민대중 제일주의, 이민위천以民爲天의 사상으로 답한다. 인민대중을 제일 중요하게 생각하는 것이 김정은 정치의 핵심이고, 이러한 생각은 김일성시기부터 이어온 이민위천以民爲天의 대를 이은 계승이라고 설명한다.

북한의 정치적 언술은 표면과 이면이 존재한다. 표면적인 이유는 명분이고, 이면적인 이유는 실리이다. 언제나 명분을 앞세운다. 하지만 명분이 전부는 아니다. 실리가 명분을 만들어내는 경우도 다반사다.

화장을 하라고 한 표면의 이유는 사회주의 문명국을 누리라는 것이다. 그렇다면 화장을 하라고 하는 이면의 이유는 무엇일까?

답은 경제이다. 김정은 체제의 키워드는 경제에 있다.

정치적으로는 사회주의 문명국을 앞세우고 있다. 하지만 그것이 전부가 아니다. 화장품은 북한의 경제발전 전략으로 집중적으로 관리하는 산업 분야로 주목받고 있다.

북한은 자신의 기술과 자원으로 경쟁할 수 있는 분야를 적극적으로 육성하고 있다. 건강식품, 섬유제품, 생활용품과 함께 화장품도 집중적으로 육성하는 분야의 하나이다.

화장품은 상대적으로 제조가 어렵지 않고, 경쟁력이 있는 분야이다. 북한의 화장품은 김정은 시대의 경제전략인 '원료, 재료의 국산화', '현대화, 정보화'의 교시에 맞추어 세포줄기, 천연재료 등을 이용해 원료의 국산화를 도모하면서, 생산공정의 현대화, 무인화를 추진하고 있다.

만물이 소생되는 화창한 봄날 아름답게
피여나 풍기는 꽃향기처럼 사람들에게
영원한 청춘과 아름다움을 가져다주는것.
이것이 우리의 리념입니다.

Everybody wishes for eternal youth
and beauty as if they are in a balmy
spring day when all things in nature
start to grow again and flowers open,
emitting rich fragrance. To satisfy this
wish is our ideal.

신의주화장품공장 카달로그

사회주의 문명국과 뷰티산업

북한 체제의 가장 큰 고민은 먹고 사는 것이다. 1990년
대 '고난의 행군'을 지나면서 '먹고 사는 문제'가 체제의
운명과 직결된다는 것을 체감하였다.

1980년대 후반까지 세계는 진영으로 나누어 있었다.
사회주의, 민주주의 이념으로 편을 가르고, 그렇게 나누
어진 편을 따라서 끼리끼리 서로 도우면서 살았다.

사회주의와 자본주의의 진영은 견고했다. 어떤 논리보
다 이념이 중요했다. 국가 간의 무역도 진영이 우선이었
고, 어려우면 같은 이념이라는 이유로 달려가서 도와주
었다. 가장 치열한 이념의 대결장이었던 한반도에서 살
아온 사람들이라면 지구 어느 곳보다 체감했던 일이다.

북한은 과도한 중공업 중심의 경제 구조를 유지했다. 식량은 늘 부족했다. 자급자족은 언감생심이었지만 큰 걱정은 아니었다. 사회주의 국가의 후원이 있었다. 중국과 구소련은 북한 경제의 버팀목이었다. 산악지형이 월등하여 식량은 만성적인 부족 상황이었고, 석유가 한 방울도 나지 않았지만 사회주의 우방의 도움이 있었다.

진영이 해체된 이후로는 달라졌다. 북한의 우방이었던 소련의 붕괴와 중국의 경제적 어려움은 북한에 직격탄을 날렸다.

1990년대 '고난의 행군'은 북한의 취약한 경제 구조의 민낯을 드러냈다. IMF가 한국 경제에 준 타격 이상이었다. 먹을 것이 없어서 수 십만 혹은 백만을 넘은 아사자가 발생하였다. 웬만한 도시 하나의 인구만큼이 죽어 나가는 상황이었다. 생지옥이 따로 없었다. 체제는 생존의 기로에 섰다.

경제위기의 영향을 북한은 잘 알게 되었다. 굳건하게 다져왔던 체제에 균열을 불러왔다.

'고난의 행군'이 준 가장 큰 영향은 인민과 당 사이의 균열이었다. 인민을 먹여 살리지 못하는 정권에 대해 믿음을 주는 인민은 없다. 유교가 종교였던 조선 시대에도 화난 백성들은 임금의 가마에 돌을 던졌다. 민심의 이반은 노동당에 대한 비판으로 이어졌다. 체제 위기감이 최고에 달했다.

인민을 위한 설득에 들어갔다. '당을 믿어야 한다. 당을 믿으면 우리는 잘살 수 있다. 우리가 능력이 없는 것이 아니다. 우리는 우주를 정복할 수 있는 능력도 있고, 미제의 침략을 막아낼 수 있는 군사력도 있다.'고 설득했다.

핵 개발로 자위력을 키우고, 우주정복의 기술을 선전했다. 언론은 당의 목소리를 대변하는 나팔수였고, 문학과 예술은 인민을 달래는 수단이었다.

과학을 앞세우고, 인민을 달래면서 재건에 나섰다. 계획경제의 모자란 부분은 시장을 열어 조달했다. 국가 통제의 일부분을 어쩔 수 없이 열었고, 장마당을 통해 시장의 위력을 본 이후로 시장을 체제 안으로 끌어들였다. 그렇게 시장을 사회주의와 결합했다.

북한이 시장을 개방한다면 무엇을 팔 수 있을까? 석탄, 철광성 등의 지하자원 말고, 송이버섯, 산나물 말고, 토끼가죽, 꽃게, 생선 말고, 공장에서 생산하는 제품으로 팔 수 있는 것은 무엇이 있을까?

김정은은 신의주화장품 공장을 비롯한 화장품공장을 수차에 걸쳐 방문하였다. 신의주화장품 공장에 비해 많이 뒤처져 있던 평양화장품 공장의 기계설비를 완전히 새롭게 바꾸어 무인생산 체계를 갖추었다.

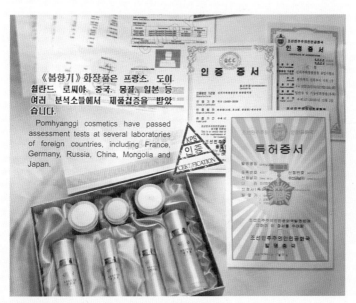

《봄향기》화장품은 프랑스, 도이췰란드, 로씨야, 중국, 몽골, 일본 등 여러 분석소들에서 제품검증을 받았습니다.

Pomhyanggi cosmetics have passed assessment tests at several laboratories of foreign countries, including France, Germany, Russia, China, Mongolia and Japan.

품질인증과 특허증서를 내세운 봄향기화장품 팜플릿

적극적인 관심과 후원을 등에 업은 과감한 설비 개선, 품질관리체계인 ISO 9001인증을 통한 제품관리 체계화, 디자인 혁신을 통한 상품성 제고, 적극적인 대외홍보와 합작을 통한 판매 네트워크 강화를 꾀하면서, 대외 수출 품목으로서 가능성을 넘보고 있다.

잘 될까?

잘 되고 말고의 여지는 없다. 유엔의 대북제재는 강력하고, 기술이나 자원도 제한적이다. 현재로서는 품질이나 가격으로 경쟁할 수 있는 방면에서 돌파구를 찾아야 한다. 그것이 최선이고, 선택지이다.

원색과 곡선디자인으로 젊음을 강조한 미래화장품과 쇼핑백

11월

여성을 모델로 한 그림 달력 – 2021년 11월

5부

화장품, 국산화를 넘어
세계적 수준으로

왜 화장품일까

왜 화장품일까? 여러 분야가 있는 데 왜 화장품일까.

화장품은 비교적 산업화가 쉬운 분야의 하나이다. 가정에서도 간단히 화장품을 만들 수 있듯이 제조가 그리 어렵지 않다.

브랜드 없이 화장만 만들어 공급하는 회사도 있다. 별도의 상표를 붙이고 화장품 용기에 담으면 자기 브랜드로 판매할 수도 있다.

화장품에도 품질 차이가 있다. 갈수록 여러 기술이 들어간다. 브랜드에 따라 보습기능이나 색조를 유지하는 기능에서 차이가 있다.

하지만 그 정도의 차이는 상대적이다. 세계적인 제품과 경쟁하고, 세계 최고를 두고 치열하게 경쟁을 하는 상황도 아니다. 적정한 수준의 기술력을 끌어올리는 것은 전혀 난감한 상황은 아닐 것이다.

부족한 부분은 가격으로 경쟁할 수 있다. 모든 소비자들이 최고 기능의 고가 화장품만 찾는 것은 아니기 때문이다. 휴대폰이나 자동차와 만큼의 차이보다 기능에서 차이가 적다면, '아주 좋은 것은 아니지만 쓸만'한 제품을 찾는 소비자도 적지 않다.

> 현대화이자 국산화!
> 바로 여기에 높은 민족적자존심을 지니고 우리의 힘과 기술을, 자원에 의거하여 모든 것을 우리 식으로 창조하고 발전시키시려는 경애하는 원수님의 철의 의지가 얼마나 힘있게 맥박치고 있는것인가.[14]

14 「현대화이자 국산화」, 『로동신문』, 2015.12.13.

국제사회의 대북 제재 속에서 경제발전을 추진하는 북한으로서는 여러 한계 조건이 분명하다. 자체의 기술로 발전할 수 있다고 하는 과학에 대한 믿음은 종교에 가깝다.

과연 북한의 '자신의 자본과 기술로 만들 수 있는 경쟁력 있는 상품'은 몇 개나 될까. 그것도 세계적인 수준으로.

북한이 강조하는 자력갱생의 차원에서 본다면 화장품만 한 것이 없다.

신의주화장품공장은 생물공학적방법, 초림계류체추출기술에 의한 천연물질추출방법으로 미백제, 보습제, 로화방지제의 국산화를 실현하였다.

중요한 것은 사람들의 피부보호, 피부영양, 피부세포의 활성을 높이는데 필요한 성분들이 최대한 흡수되도록 리상적인 조건을 조성해 주는 것이다.

이 시각도 세계적으로 화장품생산분야에서 앞섰다고 하는 나라들 사이에는 치렬한 경쟁이 벌어지고 있는데 그것은 본질에 있어서 화장품속에 들어있는 각이한 성분들을 리상적으로 결합시켜 최대의 효과를 나타내도록 하기 위한 기술경쟁이라고도 말할수 있다.

디자인을 개량하고, 생물학·유기화학·무기화학·식물학·미생물학·생화학 등 각이한 전공분야의 지식을 소유한 쟁쟁한 인재들로 공업시험소를 꾸리고 《봄향기》화장품의 질을 세계적 수준으로 끌어올리는데서 절실히 필요한 분석 설비들을 부단히 보충, 갱신하도록 하였다.[15]

15 〈봄향기〉에 비긴 우리의 힘」,『로동신문』, 2016년 2월 16일.

금강산브랜드의 제품을 생산하는 금강산합작회사의 팜플릿

국산화에 대한 강박 혹은 불가피

'자력갱생!'

국제사회가 하나가 되어 촘촘한 네트워크로 연결되어 있는 현대에서도 거의 유일하게 예외적으로 주체를 강조하는 북한이다.

'우리의 힘으로', "작고 보잘 것 없더라도 우리 힘으로 만들 수 있는 나라가 몇이나 되겠습니까"라는 질문으로 '견딜만 하냐'는 질문에 답하는 체제이다.

북한은 외부의 적으로부터 체제 정당성을 강화해왔다. 태생부터 항일의 유전적 DNA를 갖고 있다. 태생적 토대 위에 수십 년 동안 내재적으로 다져진 논리체계와 사유 구조가 있다. 당과 국가와 인민이 일체화된 자존심 하나로 버텨온 체제이다. 대북제재의 출발은 오래전으로 거슬러 올라간다. 전쟁이 끝나고부터 시작된 외부의 대북 제재는 익숙해 있다.

공화국을 무너뜨리려는 제국의 적대 정책이 지속되고 있기에 내부의 결속력은 더욱 높아지고, 정당성도 강화된다. '자유가 아니면 죽음을 달라'는 신념은 한반도 북쪽에서는 '주체가 아니면 죽음'이라는 구호로 다가온다.

국제사회의 대북 제재는 분명 북한이 해결해야 할 과제이지만 북한이 스스로 해결할 수 없는 과제이기도 하다. 국제사회가 북한을 믿지 못하듯 북한 역시 '그 어떤 나라에게도 속 깊은 마음을 열지 않는다'.

'고난의 행군' 시기 숱한 죽음을 눈으로 지켜보았다. '자고나면 하룻밤 사이에 시체가 썩어 나가는 것'을 보면서 지켜 온 자존심이다.

'자력갱생'은 어렵게 살아남은 북한이 선택할 수 있는 거의 유일한 출구이자 대안이다.

제한된 조건이지만 나름의 생존 전략을 찾아야 한다. 2019년 12월의 마지막 4일을 조선로동당 중앙위원회 전원회의로 매조지하였다. "자체실정에 맞는 자력갱생전략으로 증산투쟁과 현대화"로 돌파구를 열어나가기로 맹세하였다.

토론자들은 조선로동당 중앙위원회 제7기 제5차전원회의의 기본정신을 일군들과 당원들과 근로자들속에 깊이 체득시키고 정치사상교양을 공세적으로 벌려 그들 모두를 백절불굴의 혁명정신을 뼈속깊이 체질화한 자력자강의 투사, 참된 애국자로 준비시키며 자체실정에 맞는 자력갱생전략으로 증산투쟁과 현대화를 힘있게 벌리도록 키잡이와 견인을 잘해나감으로써 당중앙이 제시한 정면돌파전에 관한 사상과 의도를 자랑찬 실천으로 받들어나가겠다는것을 본 전원회의앞에 엄숙히 맹세하였다.

'자력갱생', '국산화', '자체의 힘'으로 등등. 어떤 표현을 써도 이런 구호는 '우리가 가진 것으로 경제를 살리자'는 것으로 귀결된다.

화장품에서도 우리 것을 쓰자는 구호에는 절박함이 담겨 있다.

경애하는 원수님의 하늘같은 믿음과 기대를 뼈에 새기고 수령의 유훈관철전, 당 정책옹위전에서 무조건성만을 체질화한 공장의 전체 종업원들의 혁명열, 투쟁열에 떠받들려 우리인민들이 다른 나라의 것이 아닌 〈은하수〉상표를 단 우리의 화장품을 먼저 찾으며 행복의 웃음을 터질 그날을 하루하루 다가오고 있다.[16]

16 「화장품공업발전을 추동해 나갈 불같은 열의-평양화장품공장에서」, 『로동신문』, 2017년 3월 15일.

미래화장품 5종세트

화장품은 북한의 주요 소비재이자 수출 전략 산업으로
자리 잡았다. 『로동신문』에는 화장품 공장을 현지지도한
김정은의 소식을 비롯하여 화장품 업계의 뉴스가 심심
치 않게 나온다.

기사의 내용은 '화장품 원료, 재료의 국산화', '화장품
생산의 현대화, 정보화' 등이다. 세포줄기나 천연재료 등
을 통해 원료의 국산화를 도모하고 생산공정의 현대화,
정보화를 통해 무인화를 추진하고 있다. 김정은 체제에
서 강조하는 경제 분야의 교시를 화장품 공장에서 가장
앞서 실천하고 있음을 보여준다.

화장품도 다양해졌다. 기초화장품에서 색조화장품으

로 품목도 넓어졌고, 기능성 화장품도 많아졌다. 화장품 제품 생산 라인이 튼실해졌다.

『로동신문』 2016년 2월 26일 기사 「〈봄향기〉에 비낀 우리의 힘」에서는 기능성 제품을 소개하였다. "살결물, 크림, 물크림, 영양액과 같은 제품들이 얼굴을 밝게 하고 검버섯과 여드름을 없애며 자외선과 로화를 방지하는 등 많은 기능을 수행하는 방향으로 나가고 있다"는 점을 강조하였다.

화장품에 대한 연구와 투자도 집중적으로 이루어지고 있다. 첨단 제품의 생산을 강조하고 있다. 2016년 9월 4일자 『로동신문』 기사는 김정은은 "화장품을 녀성들의 기호에 맞게 다양하게 만들어야 합니다"고 지시한 것을 실천하고 있는 신의주화장품공장의 성과를 소개하였다.

신의주화장품공장에서는 "줄기세포의 이러한 특성을 살려 피부의 로화를 막는데서 큰 의의를 가지는 줄기세포화장품을 만들어내 놓은 것이 그 대표적 실례이다. 이 제품은 어릴 때처럼 피부를 재생시켜주는 화장품인 것으로 하여 뚜렷한 주름제거 및 주름방지효과를 가지고 있으며 피부를 부드럽고 탄력있게 한다"는 기사를 실었다.

은하수 화장품과 관련해서는 "우리 인민들이 다른 나라의것이 아닌《은하수》상표를 단 우리의 화장품을 먼저 찾으며 행복의 웃음을 터칠 그날은 하루하루 다가오고 있다"면서, "은하수 화장품이 세계시장에서도 소문나게 해야 한다"는 김정은 지시를 언급하였다.

"얼마전 화장품공업에서 세계적으로 앞섰다고 하는 어느 한 나라의 화장품과 우리《봄향기》화장품의 로화방지기능을 대비적으로 분석한 결과 우리 화장품의 질이 더 좋다는 결과가 나왔다. 이것은 과학기술의 룡마를 타고 최첨단을 향해 빠른 속도로 도약하고 있는 우리 화장품공업의 발전면모를 뚜렷이 보여주는 하나의 실례이다"라면서, 세계적 수준을 과시도 하였다.

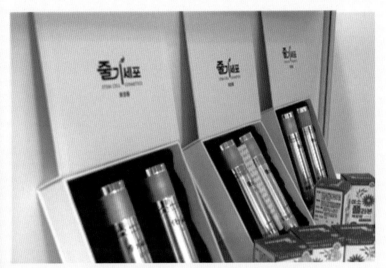
줄기세포를 이용한 화장품

향수도 우리식으로

2020년 1월 28일 조선중앙방송은 신의주화장품공장에서 '우리식의 향수 생산 공정'을 새로 확립하였다는 보도가 있었다.

북한에서 만들어지는 혹은 창작되는 모든 것에는 '우리 식'이 붙는다. 'made in N. K.'라는 의미이다.

보도에 따르면 다양한 용도에 맞게 우리식 향수를 개발하고, 계열에 맞추어 생산할 수 있는 생산 공정이 꾸려지게 되어서 '인민들이 선호하는 질 좋은 화장품 수요를 보다 원만히 충족할 수 있는 물질 기술적 토대가 마련' 되었다는 것이다.

북한의 대외 무역 잡지 『Foreign Trade of DPR Korea』 2018년 1호에 실린 향수 광고

사회주의 문명국 인민을 위한 사업이라고 강조하였지
만 2020년 '조선로동당 중앙위원회 제7기 제5차 전원회
의'의 결정에서 강조한 '사회주의 상업체계', '국가상업
체계'를 구체적으로 실천하는 본보기 사업이다.

**"현대화, 국산화, 질제고의 기치를 계속 높이 들고
명제품, 명상품을 더 많이 생산하겠다"**

2019년 4월 우리의 국회의원에 해당하는 최고인민회의 선거가 있었다. 선거가 끝나고 새롭게 선출된 최고인민회의 제14기 제1차회의에서는 평양화장품 공장을 대표하여 김혜영 대의원이 발표하였다.

발표 제목은 「현대화, 국산화, 질제고의 기치를 계속 높이 들고 명제품, 명상품을 더 많이 생산하겠다」.

우리는 일군들이 당정책을 결사관철하겠다는 투철한 각오를 가지고 뛰고 또 뛰지 않는다면 나라의 화장품공업을 당이 바라는 높이에 올려세울수 없다는 심각한 교훈을 찾게 됩니다. 저는 이번 최고인민회의 심의에 제출된 국가예산보고에서 지난해 국가예산집행이 정확히 결산되었으며 올해의 국가예산

도 우리 식 사회주의의 위력을 더욱 강화할수 있도록 옳게 편성되였다고 인정하면서 이를 전적으로 지지찬동합니다.

올해 우리는 현대화, 국산화, 질제고의 기치를 계속 높이 들고 인민들의 사랑과 호평을 받는 명상품을 더 많이 개발생산하겠습니다.

경애하는최고령도자김정은동지께서는《신의주화장품공장에서는 이미 이룩한 성과에 자만하지 말고 더 높은 목표를 향하여 계속 비약하여야 합니다.》라고 말씀하시였습니다.

우리는 경애하는최고령도자동지의 공장현지지도 1돐을 맞으며 세수비누가공공정을 증설하고 기초화장품포장과 화장도구생산공정들의 현대화를 실현하며 자체의 힘으로 여러 생산공정을 완성하겠습니다.

포장용기의 국산화비중을 높이며 화장품원료들을 자체로 보장하기 위한 투쟁을 힘있게 벌려나가겠습니다.

우리는 생산과 과학기술이 밀접히 결합된 기술집약형공장의 체모를 갖추고 새 제품개발을 더욱 다그치는 한편 과학적인 품질관리체계, 엄격한 분석체계를 세워 제품의 질을 끊임없이 높여나가겠습니다.

현대화, 국산화, 질제고의 기치를 계속 높이 들고 명제품, 명상품을 더 많이 생산하겠다

김 혜 영 대 의 원

온 나라 인민의 커다란 관심속에 열린 본 최고인민회의에서 경애하는 최고령도자 김정은동지를 공화국의 최고수위에 높이 추대한 지금 저의 가슴은 철세의 위인을 받들어모신 크나큰 긍지와 행복감에 휩싸이고있습니다.

지난해 우리 신의주화장품공장에서는 제품의 다종화, 다양화를 실현하고 기초화장품생산공정의 현대화를 한심하여 제품의 질을 높이는데 중심을 두고 공장사업을 조직전개하였습니다.

우리는 공장제품에 대한 소비자들의 평가와 수요를 정상적으로 장악하면서 사회의 기술발전을 발동하여 현대적인 기초화장품, 화장도구생산공정 등을 새로 꾸려 제품의 가지수를 늘이였으며 통합생산체계를 확립하여 기업관리의 정보화를 실현하였습니다.

지난해 6월 우리 공장을 찾으신 경애하는 최고령도자동지께서는 신의주화장품공장은 나라의 경공업발전에 크게 이바지하는 공장이라고 하시면서 이번에 생산공정을 새로 꾸리고 새 제품개발을 다그쳐며 과학적인 품질관리체계를 세워 인민들이 선호하는 화장품을 많이 생산할데 대한 과업을 주시였습니다.

경애하는 최고령도자동지의 현지지도사업을 받들고 공장에서는 단기일내에 기술사들과 제품연구개발에 경쟁적으로 뛰여들도록 함으로써 분장용화장품과 머리칼용화장품, 향수 등을 새로 개발하였으며 기능성원료와 기초원료들을 자체로 생산리용하여 화장품생산량을 상반년도에 비하여 3배로 늘였습니다.

공장에서는 기대개선과 리기특운전을 갖추어놓고 모든 종업원들이 자기가 만드는 하나하나의 제품에 정성을 담으면서 화장품의 질적지표를 철저히 지키도록 하였습니다.

그리하여 지난해 공장에서는 현대화, 국산화, 질제고에서 큰 전진을 이룩하고 공업생산액지표는 100%, 국가에 산부비례은 105%로 수행하였습니다.

지난해 공장의 사업에서는 결함도 나타났습니다.

우리는 일군들이 당정책을 결사관철하겠다는 투철한 각오를 가지고 까고 또 뛰지 않는다면 나라의 화장품공업을 당이 바라는 높이에 올려세울수가 없다는 심각한 교훈을 찾게 됩니다.

저는 이번 최고인민회의 심의에 제출된 국가예산보고에서 지난해 국가예산집행이 정확히 결산되었으며 올해의 국가예산도 우리 식 사회주의의 위력을 더욱 강화할수 있도록 옳게 편성되었다고 인정하면서 이를 전적으로 지지찬동합니다.

올해 우리는 현대화, 국산화, 질제고의 기치를 계속 높이 들고 인민들의 사랑과 호평을 받는 명상품을 더 많이 개발생산하겠습니다.

경애하는 최고령도자 김정은동지께서는 《신의주화장품공장에서는 이미 이룩한 성과에 자만하지 말고 더 높은 목표를 향하여 계속 비약하여야 합니다.》라고 말씀하시였습니다.

우리는 경애하는 최고령도자동지의 공장방문지도도 1호를 맞으며 세수비누가루공장을 증설하고 기초화장품포장재 화장도구생산공정들의 현대화를 실현하며 자체의 힘으로 여러 생산공정을 완성하였습니다.

로동용기의 국산화비중을 높이며 화장용원료들을 자체로 보장하기 위한 투쟁을 힘있게 벌려나가겠습니다.

우리는 생산과 과학기술이 밀접히 결합된 기술집약형공장의 세모를 갖추고 새 제품개발을 더욱 다그치는 한편 과학적인 품질관리체계, 엄격한 분석세계를 세워 제품의 질을 끊임없이

명제품, 명상품 생산계획을 소개한 『로동신문』

저는 시대의 요구에 맞게 자신의 실력을 부단히 높이며 경영활동을 짜고들이 우리 공장을 인민들의 사랑을 받는 공장으로, 《봄향기》화장품을 세계적인 명상품으로 더욱 발전시켜나가겠다는것을 굳게 결의합니다.[17]

17 「(최고인민회의 제14기 제1차회의에서 한 토론) 현대화, 국산화, 질제고의 기치를 계속 높이 들고 명제품, 명상품을 더 많이 생산하겠다. - 김혜영대의원」, 『로동신문』, 2019년 4월 12일.

화장품 품질을 높일 것을 결의하는 화장품공장 종업원들

봄향기화장품 VS 랑콤화장품

새롭게 개발한 화장품의 효능이 좋다는 것을 강조하기 위한 실험도 진행했다.

얼마전 화장품공업에서 세계적으로 앞섰다고 하는 어느 한 나라의 화장품과 우리 《봄향기》화장품의 로화방지기능을 대비적으로 분석한 결과 우리 화장품의 질이 더 좋다는 결과가 나왔다. 이것은 과학기술의 룡마를 타고 최첨단을 향해 빠른 속도로 도약하고 있는 우리 화장품공업의 발전면모를 뚜렷이 보여주는 하나의 실례이다.[18]

『로동신문』이 보도한 '세계적으로 앞섰다고 하는 어느

---

18 「〈봄향기〉에 비낀 우리의 힘」, 『로동신문』, 2016년 2월 16일.

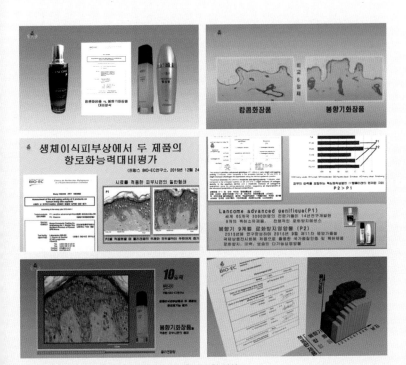

봉향기 화장품과 랑콤화장품의 노화방지 기능을 비교한 영상

한 나라의 화장품'은 프랑스 랑콤 화장품이다.

신의주화장품공장의 봄향기화장품과 랑콤화장품의
'노화방지' 기능을 비교하였는데, 봄향기화장품이 더 우
수하다는 결과가 나왔다는 것이다.

퍽이나 오랜 기억 속에 우리 나라도 그렇게 하였던 기
억이 스믈스믈 피어 올랐다. 외국의 유명 제품과 비교해
보고, 우리 것이 좋다는 것을 확인하는 과정은 오래되었
지만 애국심을 자극하는 훌륭한 마케팅의 하나였다.

국가주의가 일상을 지배하는 상황에서는 '국산품을
애용하자'는 감성 하나로도 충분히 먹혔다.

북한 역시 애국심이라는 다른 것과 비교할 수 없는 자
산으로 북한산 화장품 마케팅에 나서고 있는 것이다.

신의주화장품공장 조감도

4월 주체 1(1912). 4. 15. 위대한 수령 **김일성**동지께서 탄생하시였다.

여성을 모델로 한 그림 달력 — 2021년 4월

6부

화장품도 이젠 경쟁시대

시장, 경쟁을 만들다

고난의 행군 이후 시장이 생활 경제의 중심으로 떠 올랐다. 시장은 많은 것을 바꾸었다. 당에서 공급하지 않았던 것들이 시장에서 돌았다.

시장이 일으킨 변화는 물리적 시장에 국한되지 않았다. 시장에서 정말 중요한 것은 '시장'이라는 개념이다. 시장은 공간이 아니다. 시장은 개념이다.

개념이 있으면 시간과 공간은 중요하지 않다. 시장이라는 개념을 공유하고 있으면, 어떤 공간이든 장터가 되고, 어떤 물건이든 상품이 된다.

오늘날 수많은 거래가 보이지 않는 공간 속에서 작동

한다. 인터넷을 통해서 거래하고 있다. 물건을 직접 보고 사는 것이 아니지만 물건이 아니라고 생각하는 사람은 없다.

시장을 통해 '차별'이 일상 개념으로 자리 잡았다. 사회주의 문명국에서 '향유'라는 말이 왠지 낯설게 느껴졌던 것처럼 '차별'이라는 낯선 단어가 일상을 파고들었다. 한결같았던 일상에서 차별이 영향력을 미치기 시작하였다.

"이 물건은 저 물건과 달라요", "이것은 저것과 달라요". 평등을 최고의 가치로 여기고 남과 다른 것이 어색했던 북한 사회에 남과 구분되는 새로운 지표들이 생겼다.

신체 기관 중에서 가장 보수적인 것이 입과 귀이다. 어릴적 먹었던 엄마의 음식은 죽을 때까지 기억에 남고, 어려서 들었던 노래는 늙어서도 생각난다. 팔순이 넘은 어머니는 아직도 국민학교 1학년 때 배운 일본어 구구

셈을 외우신다.

반면 신체기관 중에서 가장 빠른 것은 눈이라고 한다. 좋은 것이 눈에 들어오면 다른 것은 눈에 차지 않는다. 그래서 장사하는 사람들은 먼저 나쁜 것을 보여주고 더 좋은 것을 보여준다. 좋은 것을 보면 앞에서 보았던 것은 금방 잊어버린다. 시장은 그렇게 차별을 만들어냈다.

시장은 물건에 대한 차이를 만들었고, 거래 개념을 심어 주었다. 물건을 거래하고, 사람도 거래한다. 노동을 사고 파는 인력시장도 생겨났다. 시장은 그렇게 일상의 여러 곳에서 '차이'와 '거래'라는 개념을 일상으로 만들었다.

화장품 광고와 시장 경쟁

화장품 광고가 많아졌다. 사회주의 북한에서 '광고'는 낯선 현상이다. 광고는 시장을 전제로 한다. '자본주의의 꽃'이라는 말이 괜히 있는게 아니다. 훌륭한 상인은 남극에서 에어콘을 팔고, 열대에서 온풍기를 파는 것이라 했다.

물건을 갖고 싶도록 하는 것. 그 출발은 광고다. 계획경제는 연간 계획에 의해 움직이는 체제이다. 북한은 계획국가이다. 국가에서 필요한 만큼 예측하고, 필요한 만큼 공급한다. 계획을 잘하면 된다.

갑자기 빵 터지는 상품이나 갑작스럽게 대박을 치는 상품이 나올 수 있는 사회 구조가 아니다. 광고를 한다

금강산 브랜드의 4세대 기능성 화장품 광고

고 해도 효과가 있을까 싶다. 하지만 광고가 많아졌다.

북한은 사회주의 광고와 자본주의 광고를 구분한다. 자본주의 광고는 얄팍한 상술로 비난한다. 자본가들이 상품을 팔아먹기 위한 '간사한 말발'이라는 것이다. 자본주의에서 광고는 '인민을 기만하는 돈벌이 수단으로, 기형적으로 물질을 소비하는 구매의욕을 조장하는 활동수단' 지나지 않는다고 비판한다.

자본주의 사회에서 상품광고는 인민들을 기만하여 돈벌이를 하는 수단으로 리용되고 있다.
　자본주의사회에서 상품광고는 상품판매개척의 기본수단으로서 소비자들의 구매의욕을 인위적으로 조장시키고 그들의 물질문화생활의 기형화를 적극 다그치도록 촉매제적 역할을 한다. 뿐만 아니라 더 많은 리윤을 획득하며 시장경쟁에서 우위를 차지하기 위한 자본주의기업체들의 경영수단으로 리용되고 있다.

자본주의사회에서는 또한 더 많은 리윤을 얻기 위하여 비인간적인 수요를 조장하고 사람들의 건강과 생명을 위협하는 위조상품, 가짜상품을 비롯한 아무 상품이나 망탕 생산하여 판매한다.

이로부터 자본주의사회에서 상품광고는 소비자들을 끌어당기기 위한 색정적이며 취미본위적인 사진, 그림 등으로 일관되여있으며 허위적인 광고로 사람들을 기만하여 돈벌이를 하는 수단으로 리용되고 있다.

자본주의사회에서 상품광고는 근로자들에게 퇴폐적인 부르죠와생활양식을 주입하고 인간의 육체와 정신을 마비시키는 여러 가지 물건들과 수단들을 대상으로 한다.[19]

자본주의 광고와 차이를 강조하지만 이는 명분이다. 북한이 광고를 해야 할 필요성이 생겼고, 명분이 필요했다. 다름을 강조한 북한식 광고가 많아졌다.

19 김광길, 「사회주의사회에서 상품광고의 본질적 내용과 특징」, 『경제연구』2015년 제3호(과학백과사전출판사, 2015), 33쪽.

젊음을 바란다면 《봄향기》화장품을

그가 누구든 녀성이라면 건강과 젊음, 아름다움을 원할것입니다.

건강과 젊음, 아름다움을 바라시는 사람들에게 권고하고싶습니다.

신비한 효과를 주는 《봄향기》화장품을 널리 사용해보십시오.

신의주화장품공장에서 생산되는 《봄향기》화장품에는 세계적으로 유명한 개성고려인삼을 주성분으로 하고 이외에 로화방지제로 유명한 불로초배양액, 히알루론산을 비롯한 기능성물질들과 수십가지의 천연약재들의 유효성분들이 조화롭게 들어있습니다.

이러한 성분들은 피부세포내대사를 활성화하여 로화를 방지하게 하고 미백, 주름개선, 보습효과가 뛰어나 사람들로 하여금 젊고 아름다운 피부를 유지하도록 하여주고있으며 눈에 띄게 피부보호 및 기능강화작용도 나타냅니다.

특히 놀라운것은 피부의 맨 겉층만이 아니라 제일 밑층까지도 활성화시키고 재생하여 젊은 피부세포들이 더 많이 생기게 함으로써 누구나 젊음을 유지하고되찾을수 있다는것입니다.

화장품의 로화방지효과는 유럽의 이름있는 화장품들을 누르고있습니다.

기능성화장품, 로화방지화장품, 남자용화장품을 비롯하여 그 종류가 여러가지인 《봄향기》화장품,

《봄향기》는 당신들에게 영원한 젊음의 《봄향기》를 선사해줄것입니다.

글 및 사진 본사기자 김선희

잡지에 실린 봄향기 화장품 광고

공적 기관의 출판물은 물론 텔레비전 매체에서 광고가 늘어났다. 드라마 속의 PPL 광고도 생겨났다. 이제 광고는 북한에서 아주 특별하거나 이례적인 일이 아니다.

사회주의 광고는 '날로 높아지는 인민들의 물질적 욕구에 맞는 새로운 제품을 적극적으로 알리는 봉사활동'이란다. 광고를 통해서 물건을 판매하는 것은 맞지만 사회주의는 인민을 위한 봉사활동이라는 것이다.

사회주의 문명국을 건설하면서, 전반적으로 인민들의 눈높이가 높아졌고, 당연하게 보다 좋은 품질을 요구하게 되었나. 그러니 품질이 좋은 물건을 만들어서 인민들에게 널리 알리기 위해 광고를 해야한다는 것이다.

화장품 판매봉사와 진열

북한 유일의 경제 잡지인 『경제연구』 2017년 4호 29쪽과 30쪽에 실린 전영심의 글 「상품진렬을 잘하는것은 화장품판매봉사개선을 위한 필수적요구」는 화장품 판매봉사를 개선하기 위한 상품진렬을 잘하자는 내용이다.

상품진렬은 일반적으로 사람들이 상품을 보고살수 있게 차려놓은 상품전시형태로서 상업봉사활동에서 상품판매실현을 위한 필수적공정이다.

화장품의 경우에는 상품소개선전을 잘하는 것이 더 중요한 문제로 나선다. 같은 화장품인 경우도 녀성들의 기호와 취미, 얼굴형태와 색깔 등에 따라 요구하는 화장품이 달라지는 조건에서 상품소개선전을 잘하여야 한다.

상품을 소개선전하는데는 상품광고를 비롯하여 여러 가지 방법이 있다. 여기서 특히 중요한 의의를 가지는것은 상품진렬이다.

상품진렬을 잘하게 되면 상점에 들어온 구매자들이 해당 상점에서 파는 화장품의 종류와 품종 등에 대하여 짧은 시간에 파악하고 자기의 요구에 맞는 것을 사도록 할수 있다. 결국 화장품의 종류와 품종 등에 따라 진렬을 특색있게 진행한다면 상점에 들어온 구매자들이 자기의 요구에 맞는 화장품을 살수 있게 함으로써 화장품판매봉사를 더욱 개선할수 있게 된다.

녀성들은 기호와 취미, 얼굴형태와 색깔 등에 따라 서로 다른 화장품을 요구한다. 이러한 조건에서 화장품판매봉사를 개선하는데서는 녀성들이 짧은 시간에 맞는 화장품을 선택하고 구매하도록 조건을 보장하는 문제가 중요하게 제기된다.

이것은 상품진렬을 잘할 때에만 원만히 실현될수 있다. 화장품의 종류와 품종에 따라 그리고 녀성들의 기호와 취미 등에 따라 화장품진렬을 옳은 방법론은 세운데 따라 진행한다

신의주화장품공장의 전시 판매대

면 녀성들이 짧은 시간에 자기의 요구에 맞게 하장품을 선택

하고 사도록 함으로써 화장품판매봉사를 개선할 수 있다.

'봄향기'화장품과 '은하수'화장품의 맞짱

김정은 체제에서 새로운 풍조의 하나는 '경쟁'이다. 북한에서 기업 간의 경쟁은 전혀 없었던 일은 아니었다. 기업 간의 생산 경쟁이 치열했다. 실적 도표에다 붉은 막대그래프를 그려가면서, 같은 구역의 공장끼리 생산 경쟁을 치열하게 벌렸다.

하지만 김성은 체제의 경쟁은 좀 다른 면이 있다. 동일 업종의 경쟁이다. 같은 품목을 두고 기업끼리 경쟁이 치열해졌다. 경쟁이 치열해진 것이 아니라 경쟁을 붙이고 있다. 아주 의도적으로.

2014년 9월 15일 『로동신문』에 기사가 실렸다. 기사 제목은 「사회주의 경쟁열풍을 일으키시던 나날에」이다.

국문과 영문으로 구성된 봉향기화장품 팜플릿

기사가 소개한 '사회주의 경쟁 열풍'의 주인공은 화장
품공장이었다. 북한 화장품을 대표하는 신의주화장품공
장과 평양화장품공장의 경쟁을 부추기는 기사였다.

위대한 장군님께서는 우리 인민들 특히 녀성들에게 질 좋은

화장품이 더 많이 차례지도록 하기 위하여 신의주화장품 공

장을 훌륭하게 세워주신 데 이어 평양화장품 공장도 개건하

도록 뜨거운 은정을 부어주시였다.[20]

정리하자면 '여성들에게 질 좋은 화장품이 더 많이 공급될 수 있도록 신의주화장품 공장을 만들어 주었고, 이어서 평양화장품공장을 개건하도록 하였다'는 것이다.

평양화장품공장이 새로운 시설을 갖추면서, 신의주화장품 공장'과 '평양화장품 공장'은 북한 화장품 업계의 라이벌이 되었다.

김정은 위원장이 신의주화장품 공장을 만들고 또 다시 평양화장품 공장을 만든 것은 '여성들에게 더 좋은 화장품이 공급될 수 있도록 하자는 장군님의 깊은 사랑의 계획이었다'고 말한다.

이 공장에서 만든 화장품들이 신의주화장품보다 좋은 가고

20 「사회주의 경쟁열풍을 일으키시던 나날에」, 『로동신문』, 2014년 9월 15일

누구에게라 없이 물으시였다. 신의주화장품 공장에서 생산하는 제품들에는 《봄향기》라는 상표를 붙였고 이 공장에서 생산하는 제품들에는 다 《은하수》라는 상표를 붙였는데 이렇게 하면 상표만 보아도 어느 공장에서 생산한 제품인지 인차 알 수 있을 것이라고 하시였다. 그때 그이께 공장의 한 일군이 어버이장군님께서 신의주화장품 공장을 현지지도하시면서 질을 높이기 위한 경쟁을 하라고 하신 말씀을 높이 받들고 화장품의 질을 높이기 위해 노력하고 있다고 말씀 드리였다.[21]

화장품의 인지도나 시장점유율(?)로 보면 신의주화장품 공장은 기분 나쁠 수 있다.

앞서 렴형미 시인의 시에서도 알 수 있듯이 신의주화장품 공장의 '봄향기'가 사실상 독점에 가깝게 시장을 점유하고 있기 때문이다.

---

21 「사회주의 경쟁열풍을 일으키시던 나날에」, 『로동신문』, 2014년 9월 15일.

몇 년 전 북한 화장품 조사를 위해 갔었던 단둥의 한 식당에서 만난 북측 종업원에게 '화장품 어느 것을 쓰냐'고 물어 본 적이 있었다. '화장품 뭘 쓰냐'고 물어보는 사람은 처음이라는 듯이 쳐다 보더니, '봄향기'라고 대답하였다. '은하수보다 좋아요?'라고 물었더니 돌아온 대답은 "은하수는 잘 모릅니다."

단둥 건너편이 신의주이고, 신의주화장품 공장의 브랜드가 '봄향기'라서 그런지 몰라도. '은하수'화장품은 잘 모르고 있었다.

평양화상품공장을 현대적인 시설로 새로 건설하면서 독점적인 시장지배력을 갖춘 신의주화장품과의 경쟁을 유도한 것이다.

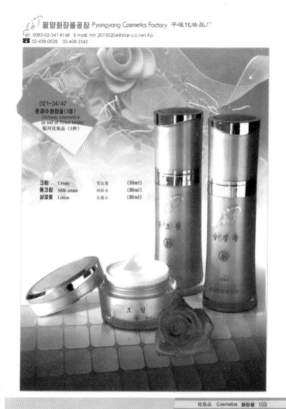

평양화장품공장 Pyongyang Cosmetics Factory 平壤化妝品厂
Tel: 0085-02-341-8168 E-mail: mh 20150204@star-co.net.kp
☎ 02-438-0028, 02-438-2542

021~34/47
은하수 화장물(3종)
Unhasu cosmetics
(a set of three kinds)
銀河化妝品 (3种)

크림	Cream	雪花膏	(50ml)
물크림	Milk cream	何尘水	(80ml)
살결물	Lotion	花露水	(80ml)

化妆品 Cosmetics 화장품 159

평양화장품공장의 은하수 화장품 카달로그

'봄향기'화장품과 '은하수'화장품의 품질 경쟁

북한이 요구하는 화장품 경쟁의 포인트는 '품질'이다. 「사회주의 경쟁열풍을 일으키시던 나날에」의 기사는 품질경쟁을 독려하는 기사로 끝난다.

> 평양화장품 공장에서 생산하는 화장품에 대한 인민들의 반영이 어떤지 모르겠다고, 질문제를 가지고 경쟁을 하는 것이 좋다고, 경쟁을 하여야 제품의 질이 높아질수 있고 발전 할 수 있다고 하면서《앞으로 평양화장품공장은 신의주화장품 공장과 질경쟁을 잘하여 화장품의 질을 계속 높여나가도록 하여야 합니다.》

품질을 놓고 경쟁하라는 것이다. 신의주화장품 공장이 독점하는 형식이면 품질 개발도 게을러 질 수 있으니, 평양화장품 공장과 경쟁하면서, 품질을 높여나가라는 말이다.

평양화장품 공장에 대한 김정은의 현지 지도는 한 번으로 그치지 않았다.

김정은은 2015년 2월 5일 평양화장품 공장을 현지 지도하였다. "사람마다 화장품에 대한 기호와 요구가 서로 다른 것만큼 여러 가지 기능과 효과를 나타낼 수 있게 잘 만들며, 천연적이고 저자극적이며, 기능적인 화장품들을 개발 생산"할 것을 지시하였다.

『로동신문』 2017년 3월 8일자 기사 「시대의 앞장에서 내달리는 미더운 녀성로력혁신자대오」에서는 '만리마 시대의 새로운 생산 속도'의 모범기관으로 평양화장품 공장과 신의주화장품공장을 소개하였다.

"평양화장품공장과 신의주화장품공장 녀성근로자들

평양화장품공장의 은하수화장품

도 화장품생산과 새 제품개발에서 자랑할만한 혁신의
자욱을 새겨가고 있다", "평양화장품공장 녀성기술자들
과 로동자들은 공장현대화를 마감단계에서 다그치는 속
에서도 우리 녀성들의 기호와 취미에 맞는 수 십종의 새
제품을 개발해냈으며 신의주화장품공장 녀성근로자들
도 우리 녀성들속에서 인기가 높은 화장품생산과 세수
비누생산을 높은 수준에서 정상화 해 나가고있다"고 소
개하였다.

7부

———

현대화의 본보기
평양화장품공장

현대화, 정보화의 본보기 평양화장품공장

김정은 위원장은 왜 화장품 공장으로 갔을까? 평양화장품 공장에 대한 김정은위원장은 현지 지도의 포인트는 '현대화'였다.

'우리식 현대화'에 초점이 맞추어져 있었다.

우리 당의 국산화방침을 높이 받들고 평양화장품공장 일군들과 종업원들은 련관단위 과학자, 기술자들과 힘을 합쳐 설비국산화를 87%수준에서 내밀고 있으며 건축공사, 설비제작 등 방대한 현대화공사가 벌어지고 있는 속에서도 수십 종의 새 제품들을 련속 개발 해 내고 있다.[22]

22 「우리 식 현대화를 힘있게 추진」, 『로동신문』, 2017. 09. 07.

평양화장품 공장의 성과는 2016년 초에 특히 집중적으로 부각되었다. 무려 36년 만에 열리는 조선로동당 제7차 당대회를 앞둔 시점이었다. 당대회를 앞두고 경제 분야의 성과와 비전을 보여주어야 했다.

평양화장품공장의 자동화된 화장품 생산 라인

평양화장품 공장이 "《인민경제의 현대화, 정보화 실현의 전략적목표는 모든 생산공정을 자동화, 지능화하고 공장, 기업소들을 무인화 하는 것입니다》"라고 말한 김정은의 교시를 잘 관철한 모범 기관, '인민경제의 현대화, 정보화'의 본보기 단위로 표창되었다.

농업현대화가 한창이던 1960년 김일성주석은 협동농장의 생산력 향상을 위하여 '청산리'로 달려갔다. 가장 낙후한 협동농장을 찾아서 서로 도우면서 서로 발전수 있는 방향을 제시하였다.

북한 헌법에서도 명시한 "우가 아래를 도와주고 대중의 의견을 존중히 하며 정치사업, 사람과의 사업을 앞세워 대중의 자각적열정을 불러일으키는 위대한 청산리정신, 청산리방법"이었다. 김일성 시대의 '청산리정신', '청산리방법'이 김정은 시대의 현대화, 정보화로 화장품공장에서 재현하고 있다.

지시경제시대의 본보기, 평양화장품공장

평양화장품 공장은 '지식경제 시대'의 새로운 시대의 본보기 사례, 모범 직장으로 주목받았다. 북한식 표현으로 '본보기 직장'으로 일떠선 것이다.

2016년 11월 27일자 『로동신문』 기사 「첨단에로 도약하는 우리의 화장품공업」에서 평양화장품 공장을 '생산 공정의 현대화와 새 제품개발에서 뚜렷한 성과를 거두었다'고 소개하였다.

무인화, 무균화실현의 자랑스러운 돌파구를 열었다.
탈의실, 손세척실, 정화복실, 손소독실, 공기샤와실 등과 같은 위생통과실들을 거쳐 화장품직장 생산현장에 들어서면 무인화, 무균화에 대한 하나의 생동한 강의를 받을 수 있다.

원료투입으로부터 제품완성에 이르기까지의 전반공정에서 종전의 수 십 명 생산자들의 모습은 거의나 보이지 않는다. 콤퓨터의 지령에 따라 자동적으로 원료를 공급받은 각종 설비들이 흐름식으로 중간생산물들을 주고받으며 갖가지 완제품들을 련속 쏟아내고 있다.

소량다품종생산체계확립이 세계적인 화장품공업발전추세로 되고 있는 지금 원료배합공정의 자동화, 무인화는 더욱 사활적인 요구로 제기된다. 그것은 화장품생산과정에 원료의 종류는 물론 그 배합비까지 끊임없이 갱신되는 사정과 관련된다. 이번에 새로 꾸려진 원료배합공정을 돌아보면 원료계량공정부터가 매우 특색 있다는것을 알 수 있다. 100여 가지나 되는 화장품들의 생산에 필요한 각종 원료계량은 저울과 련결된 콤퓨터에 의해 자동적으로 진행되고 있다.

공장에서는 종전에 각종 크림들의 주입 및 포장에서 개별적인 기능들을 수행하던 단능설비들을 하나의 흐름선으로 련결하여 놓음으로써 생산성과 함께 위생성도 최대한 보장할수 있게 하였다. 뿐만 아니라 액체화장품을 일정한 규격을 갖춘 용기들에 주입 및 포장하는 흐름식설비들도 100% 우리의 힘과 기술로 제작하였다. 이것은 앞으로 다양화된 용기들에 화장품들을 자동적으로 주입 및 포장하는 설비들을 빠른 시일 안에 국산화하여 화장품생산의 무인화를 완벽하게 실현하는 데서 실로 결정적인 돌파구로 된다.

2017년 평양화장품공장은 인민경제 계획을 모범적으로 수행한 기관을 대상으로 하는 '모범적인 단위들에 선군봉화상쟁취를 위한 사회주의경쟁공동순회우승기'를 받았다.

평양화장품공장의 은하수화장품 판매대

평양화장품공장 '은하수'

'은하수'는 평양화장품 공장에서 생산하는 화장품 브랜드이다.

평양화장품공장은 1957년에 화학생산협동조합으로 출발하여 1962년 4월에 건립된 회사로 오랜 역사를 가진 화장품 회사이다. 신의주화장품 공장과 함께 북한 화장품 생산의 양대 축이다.

평양화장품공장은 종합화장품 회사로 크림, 향분, 살결물, 향수, 입술연지, 머릿기름, 세수비누, 머리물비누, 치약 등의 제품을 생산한다. 산하에 치약분공장을 두고 인삼치약, 청류예방치약, 금은화치담치약, 백산차치약 등의 치약제품을 생산한다.

평양화장품공장의 은하수화장품 쇼핑백

오랜 역사가 있지만 신의주화장품 공장의 '봄향기' 제품과는 비교가 안 될 정도로 존재감은 약했다.

평양화장품 공장이 다시 주목하게 된 것은 김정은체제 이후였다. 김정은위원장이 평양화장품 공장을 여러 차례 방문하고, 현대적인 설비로 교체하면서, 평양화장품 공장은 일거에 신의주화장품 공장과 경쟁할 정도로 위상이 달라졌다.

2015년 2월 초 김정은은 김여정과 함께 평양화장품공장을 현지지도하였다. 김정은위원장은 현지 지도를 통해 "우리 인민들이 외국산보다 은하수 화장품을 먼저 찾게 하고 나아가서는 은하수 화장품이 세계 시장에도 소문이 나게 해야 한다"고 하였다. 평양화장품공장의 화장품 생산의 과학화·현대화를 강조하면서, '화장품공업 발전의 분수령'이 되는 해로 만들라고 주문했다.[23]

23 「북한 김정은, 평양화장품공장 시찰…김여정 수행」, 『연합뉴스』,

화장품에서 국산화를 실현하는 것. 그것도 세계적인 제품과 비교해도 좋은 제품을 만들라는 것이었다. 품질을 높여 인민들이 외국산보다 국산 화장품을 더 먼저 찾을 수 있게 하라는 교시였다.

이후 평양화장품 공장은 세계적인 제품을 생산하는 공장, 과학화를 실현하는 공장, 질 높은 제품을 생산하는 공장으로『로동신문』의 지면을 장식하였다.

> 평양화장품공장의 일군들과 기술자, 로동자들이 두해전 2월 몸소 공장을 찾으시여 주신 경애하는 원수님의 강령적가르치심을 높이 받들고 우리 나라 화장품의 본보기, 표준으로 될수 있는 새 제품들을 내놓기 위한 기술개발사업을 줄기차게 벌려 많은 성과를 거두었다.[24]

2015년 2월 5일.

24 「화장품공업발전을 추동해나갈 불같은 열의」,『로동신문』, 2016년 3월 17일.

김정은의 평양화장품 공장 현대지도를 보도한 『로동신문』 2017년 10월 23일자 기사.

2년 전이라면 2014년 2월이다. 2015년 2월에도 김정은 위원장은 평양화장품 공장을 다녀간 것이다.

김정은의 잦은 화장품공장 방문은 북한이 화장품 산업에 쏟고 있는 정성이 어느 정도인지를 짐작케 한다. 평양화장품 공장은 김정은의 여러 차례 현지 방문과 관심 속에 최근 여러 가지 신제품을 개발하였다는 것을 강조한다.

2018년 6월 15일자 『조선신보』에는 「〈은하수〉와 더불어 더욱 문명한 생활을 - 생산의 과학화를 실현한 평양화장품공장」이라는 기사를 통해 최근 근황을 자세하게 소개하였다.

『로동신문』 기사 내용을 간추리면 다음과 같다.

〈은하수〉화장품은 최근년간 그 가지수가 현저히 늘어나고 있다. 평양화장품공장은 1959년에 발족한 생산협동조합을 모체로 하여 62년에 정식 화장품공장으로 발전되였다. 자그마한 설비를 가지고 살결물, 크림, 입술연지 등으로부터 생산이 시작된 이 공장은 80년대에는 개성고려인삼을 주원료로 하는 화장품들을 생산하여 로씨야를 비롯한 여러 나라에 수출하였다. 상품개발에 애로를 겪은 고난의 행군, 강행군시기를 거쳐 2003년 김정일 장군님의 현지지도를 받은 후 품종이 10여종으로 늘어났다. 15년 김정은 원수님의 현지지도를 받은 후 품종은 50여종으로, 가지수는 160여가지로 급격히 확대되였다. 10월 개건현대화되면서 현대적인 분석 및 측정, 실험설비, 생산설비들을 갖춘 나라의 화장품산업의 중심으로 전변되였다. 공장에서는 현재 59종에 169가지의 일반화장품, 기능성화장품, 치료용화장품들을 생산하고 있는데 올해까지 112종, 250여가지로 확대할 계획이며 나아가서 국가경제발전 5개년전략 수행기간에 세계적으로 개발하고 있는 품종들을 다 내오려는 높은 목표를 세웠다. 목주름개선화장품을 비롯한 부위별화장품, 각종 화장도구 등 그 령역은 매우 넓다.

현재 화장품연구소에서는 새로운 분크림생산을 다그치고 있다. 리선미 연구사는 〈세계적인 추세에 맞게 피부결함을 음

폐해주면서도 발랐는지 안발랐는지 알리지 않는 자연스러운 화장을 실현하는 동시에 로화방지, 미백 등 효과를 부여하는 BB, CC크림에 대한 인민들의 수요가 매우 높다.)고 말한다. BB크림은 이미 규격화가 되었고 CC크림은 광학측정설비를 제조하는 단계라고 한다.

세계적인 화장품을 우리식으로 생산함으로써 인민들이 더 젊고 건강하며 아름답게 살아나가는데 이바지한다. 강민심 소장은 〈화장품에서부터 인민들을 문명한 세계에로 선도해주는것〉이 공장이 지닌 사명이라고 말하고 있다.[25]

---

25 「〈은하수〉와 더불어 더욱 문명한 생활을 – 생산의 과학화를 실현한 평양화장품공장」, 『조선신보』, 2018년 6월 15일

8부

'봄향기'화장품의 고향 신의주

신의주는 압록강을 사이에 두고 단둥과 접하고 있다. 단둥에서는 접경지라는 개념이 산산히 부서진다. 철책선도 없고 삼엄한 경계도 없다. 무심함 압록강은 한강보다 넓지 않다. 유람선을 타면 신의주땅 코앞까지 다가갈 수 있다.

단둥에서 내륙 쪽으로 조금만 더 가면 중국과 붙어 있는 북한 섬도 만난다. 압록강 가운에 있던 땅이 중국과 붙어하나가 된 곳이다.

내륙쪽으로는 한 걸음에 건널 수 있다는 일도구가 있고, 바다쪽으로는 황금평이 있다. 펜스가 있고, 국경이라는 표지가 없으면 구분조차 되지 않는다.

그래서일까 북한과 중국의 국경은 한반도 남북의 DMZ 와는 전혀 다르다.

북한과 중국을 이어주는 중조우의교中朝友誼橋를 통해 서 금강산여행사의 여행버스가 넘나든다. 유람선을 타 면 압록강을 거슬러 북한쪽 신의주 근처까지 갔다 온다.

붉은 오각별의 북한 깃발을 단 북한 유람선이 단둥 산 책로 근처까지 닿을 듯 다가온다. 국경이라는 것이 이래

중국 단둥에서 바라 본 신의주

도 되나 싶을 정도로 평안하다.

단둥이라고 하면 역사도시, 접경도시로만 각인되어 있어서 그렇지 남한, 북한, 중국을 비롯하여 전세계 상품을 살 수 있다. 걸어 다니면서 쇼핑하기에도 적당한 숨겨진 보물같은 도시이다.

우리의 세관인 '단둥 해관'이 있는 단교에서는 육안으로도 압록강 건너 북한 땅이 보인다. 누가 말해주지 않으면 그냥 그저 그런 민둥섬으로 생각할, 이성계가 회군을 결정했다는 위화도가 황량하게 맨몸을 드러내는 곳이다.

북한 화장품을 찾아 고급백화점, 화장품전문점, 관광상품점, 고려시장을 수색에 가깝게 돌아다녔다. 고급백화점과 화장품전문점에서는 북한 화장품을 만날 수는 없었다. Made in Korea 제품이 단독 매장을 차지하고 있었다. 한눈에 보아도 인기 제품임을 확인할 수 있었다.

단둥 단교(斷橋) 부근에서 흔히 볼 수 있는 기념품점. 대부분 북한 물건뿐만 아니라 남한 물건과 중국 물건도 판매한다.

　북한 화장품을 만날 수 있는 곳은 주로 기념품 가게였다. 한국 물건도 팔고, 북한 물건도 팔고, 중국 물건도 파는 기념품 가게는 중조우의교가 있는 련상호텔 부근에 집중되어 있었다. 중국과 북한을 오가기 위해 반드시 거쳐야 하는 단둥해관 주변이다.

　해관 맞은편으로는 전자제품 상점이 많다. 유람선을 탈 수 있는 선착장 주변에는 간단한 기념품이나 먹거리, 건강식품, 우표, 화장품을 살 수 있는 기념품 가게들이

단둥 기념품점에서

있었다.

대부분 기념품점에서는 북한 물건뿐만 아니라 남한
물건과 중국 물건도 판매한다. 국경이 아닌 접경지의 풍
경이다.

신의주에서 만나는 북한 화장품

　북한의 동북단 도시이자 중국으로 가는 관문도시 신의주는 중국인들이 가장 많이 가는 관광지 중의 첫 손에 꼽히는 곳이다.

　단둥에서 판매하는 관광상품 중에서도 가장 많은 상품은 신의주 관광이다. 중국에서 판매하는 북한 관광상품은 다양하다.

　단둥을 거쳐 평양을 지나 개성까지 가는 상품이 있는가 하면 당일 관광도 많다. 아침 먹고 잠깐 건너갔다 바람 쐬듯 다녀올 수 있는 곳이다. 적은 비용으로 성공한 중국의 경제력을 과시하고 돌아오며 기분을 풀 수도 있다.

남·북한 물품을 판매하는 단둥 기념품점에서

　단둥을 가면 관광이 실감 난다. 단둥역 지하부터 '조선
朝鮮' 여행상품을 판매하는 관광안내소를 만날 수 있다.
지하에서 올라와 역전 광장으로 나갔더니 아주머니들이
'차오셴! 차오셴!'하면서 관광 상품 찌라시를 뿌리고 있
었다. 마치 점심시간에 식당 광고지 뿌리는 것처럼.

단둥의 기념품가게에서 볼 수 있는 북한화장품

화장품 산업의 메카, 신의주

북한 화장품의 선두 주자는 단연 신의주화장품공장의 '봄향기'이다.

신의주는 북한에서 특별한 도시이다. 화장품을 비롯하여 신발, 가방 등. 인민생활에 필요한 경공업 제품이 생산되는 거점이다. 신의주 사람들의 자부심도 대단하다고 한다.

신의주는 북한에서 가장 잘 사는 도시이다.

신의주의 경제력은 자연지리적 환경에 힘입은 바 크다. 바다를 끼고 있어서 해산물이 풍부하고, 무엇보다 단둥과 국경을 접하고 있어서 국경 무역도 활발하다. 보이

는 무역과 보이지 않은 무역, 이른바 밀무역이 성한 곳
이다.

신의주는 북한의 주요 경공업을 생산하는 핵심 거점
이다. 여러 공장 중에서 화장품 공장이 제일 유명하다.
'봄향기'는 신의주화장품 공장에서 생산하는 화장품이
아니라 그냥 화장품 그 자체를 의미했다.

화장품 세트 중에서 가장 기본인 봄향기 3종세트 화장품

신의주화장품공장

신의주화장품공장은 평안북도 신의주시에 자리잡고 있는 화장품 공장으로 1949년 9월에 세워진 북한 최고 화장품공장이다.

종합화장품공장으로 1955년까지 화장크림을 생산하다가 1956년부터는 치약, 1959년부터 비누를 생산하기 시작했다.

신의주화장품공장은 최고지도자들이 자주 방문한 공장이다. 1953년 김일성이 방문하였고, 2002년 1월과 12월에 김정일이 방문하였다.

신의주화장품공장은 몇 차례 확장되었다. 1974년에

치약공장을 새로 지었고, 1987년에 대규모 화장품공장 지었고, 1994년에 세수비누공을 새로 지었다.

비누공장, 치약공장, 화장품공장과 공업시험실, 기술 준비실 등이 있으며 노동자문화회관, 탁아소, 유치원, 병원, 편의봉사망 등이 있다.

신의주화장품 공장에서는 봄향기 브랜드로 250여 종의 화장품을 생산한다. 최근 설비를 대폭 개선하면서 품질관리체계 ISO9001과 화장품생산 및 품질관리기준 GMP인증, 국가품질인증, 스위스 SGS검사검역에 통과하였다.

신의주화장품공장의 봄향기 세척겔

최고지도자 신의주화장품 공장 방문기

신의주화장품 공장은 김일성, 김정일이 현지 지도를 했던 공장이다. 김정은도 수차에 걸쳐 현지지도를 했다.

　김정일과 김정은이 강조한 것은 '여성들의 생활 향상'을 위한 '질 좋은 화장품' 생산과 보급이었다. 두 지도자의 발길 때마다 『로동신문』을 통해 북한 주민 모두가 사연을 알게 된 것은 두말할 필요도 없다.

　김정은 위원장의 신의주화장품 공장 방문 기사를 대충 추려보면 다음과 같다.

　2017년 2월 4일자 『로동신문』 기사 「우리의 원료로 다양한 기능성제품들을 신의주화장품공장에서」 보는 "최근 신의주화장품공장에서는 생산공정의 현대화와 새 제품개발에서 뚜렷한 성과가 이룩되였다. 보다 중요하게는 제품의 다양화를 실현하고 원료의 국산화비중을 높이기 위한 기술혁신운동이 활발히 벌어지는 것이 공장을 찾은 우리의 마음을 기쁘게 해주었다"고 하였다.

『로동신문』이 '기술혁신의 성과'로 언급한 화장품 원료는 '히알루론산'이다. 히알루론산은 '피부를 생신(생기 있고, 새롭게??)하고 부드럽게 하는 데서 없어서는 안 될 중요한 기능성 화장품 원료인데, 지금까지는 수입에 의존'했었다는 것이다. 그런데 이번에 '미생물발효법으로 제조하는 데 싱공하여, 국산 원료로 세계적 수준의 다양한 화장품을 생산할 수 있게 되었다'는 것이다.

2017년 3월 29일자 『로동신문』은 신의주화장품공장이 "생산공정의 첨단돌파전을 힘있게 벌려 생산공정의 현대화와 생산정상화에서 제기되는 과학기술적문제들을 성과적으로 풀어나가고 있다"고 하였다.

"신의주화장품공장에서는 화장품생산에서 패권을 쥘 데 대한 위대한 장군님의 유훈을 높이 받들고 우리의 자원과 기술에 기초하여 오염세척기능이 높고 피부생리활성에 특효가 있는 천연기능성물질을 리용한 고급화장비누인 투명비누를 출품시켰다"는 것이다.

신의주화장품공장의 봄향기 인삼비누

김정은은 2018년 7월에도 현지 지도를 하였다. 이때에는 "세계적으로 이름난 화장품을 대비적으로 분석하고, 수요자의 기호와 나이, 체질별 특성에 맞게 품종을 늘여 나가기 위한 연구사업을 부단히 심화해야 한다"고 하면서, R&D를 강조했다.

2018년 11월 27일자 『로동신문』「우리의 힘과 기술, 자원으로 부강번영할 래일을 앞당겨간다. 영광의 일터에 넘치는 〈봄향기〉」 기사에서는 "신의주화장품공장종업원들은 이 시각도 우리 인민이 세상에서 제일 문명한 생활을 누리도록 하시려는 경애하는 최고령도자의 숭고한 뜻을 충정 다해 받들어 갈 한마음으로 화장품의 질을 높이기 위한 사업에 박차를 가하고 있다"고 하였다.

김정은 체제에서 화장품에 들이는 관심이 얼마나 큰지, 그리고 무엇을 요구하는지를 알 수 있다.

결혼식을 마치고 하객들을 태우고 유람하는 신혼부부

최고 파워 브랜드 '봄향기'

신의주화장품 공장은 북한 화장품 산업의 상징이자 메카이다. 누가 뭐래도 북한에서 최고 인지도를 자랑한다. 평양화장품공장이 새롭게 시설을 정비하고 '은하수'화장품 생산을 본격적으로 하고 있다. 하지만 북한 화장품 생산의 핵심 공장은 신위주화장품공장이다.

봄향기 화장품의 주력 제품은 개성고려인삼을 주원료로 한 살결물(수렴성), 살결물(보습성), 미백영양물, 크림, 밤크림, 분크림, 물크림, 영양크림, 미백크림 등이다.

낱개로도 판매하지만 3종, 5종, 7종 세트로 판매한다.

봄향기 개성고려인삼 화장품 세트 중에서 가장 기본

봄향기 5종세트 화장품

에 해당하는 3종세트(5391세트)로 정상피부에 적합한 중성 피부 화장품으로 개성고려인삼 살결물(수렴성) 115ml, 개성고려인삼 살결물(보습성) 115ml, 개성고려인삼 물크림 115ml로 구성되어 있다.

〈봄향기〉 5종 세트 화장품은 '밤크림', '크림', '물크림', '살결물(보습성)', '분크림'으로 구성되어 있다. 살결물-물크림-크림-분크림 순서로 화장한다. 밤크림은 저녁에 사용한다.

북한 화장품이라고 해서 쌀 것이라고 생각은 편견이다. 단둥에서 북한 화장품을 구매하려고 가격을 물었더니 불로초 화장품 7종세트를 4,000위안을 불렀다.

부른다고 다준 것은 아니지만 예상보다 비싼 가격에 순간적으로 당황했다.

'봄향기' 화장품 종류

봄향기 제품의 특징은 건강기능성이다.

　주요 원료인 개성고려인삼은 개성의 특이한 토질과 수질, 고유한 기상학적 요인과 독특한 재배법으로 재배하여 효능이 뛰어나다고 자랑한다. 항방사능작용, 항암치료, 에이즈치료에 특효가 있다고 선전한다.

　신의주화장품 공장 제품은 내수용과 수출용으로 구분하여 생산한다. 수출용 화장품에는 제조처가 '신의주화장품공장'과 '봄향기합작회사'로 되어 있으며, 영어를 사용하였다.

　포장지 겉면에 '봄향기'로고 아래에 'POMHYANGGI'

라고 표기하였으며, 화장품 제품 뒷면에도 영어로 상품명을 표기하였다.

화장품 포장은 세트로 구성하는데 3종, 5종, 7종 세트가 있다. 봄향기 화장품 세트는 이 외에도 다양한 상품이 있다. 상품별로 숫자가 있다.

봄향기 화장품 세트 구성은 다음과 같다.

954세트 : 나노기술, 생물공학 기술을 이용한 천연약재를 기초로 한 화장품으로 921살결물, 921영양물, 921크림(자외선차폐용), 944영양크림, 향수로 구성되어 있다.

1102세트 : 기능성천연약재들을 생물공학적 기법으로 제조한 다기능성화장품세트이다. 살결물, 물크림, 자외선방지크림, 물분크림, 압착준, 눈등분, 마스카라, 광택입술연지, 영양물, 영양크림으로 구성되어 있다.

984세트 : 생물공학기술을 활용한 기능성천연약재를 첨가한 화장품으로 강한 영양보충으로 노화방지, 미백기능이 강조된 제품이다. 미안액, 영양크림, 살결물, 물크림, 크림(자외선차폐용)으로 구성되어 있다.

744세트 : 노화장지 전용 화장품이다. 742살결물, 742물크림, 742영양물, 742영양크림, 742크림, 742분크림으로 구성되어 있다.

754세트 : 노화방지와 노화로 손상된 피부 회복을 전문으로 한 화장품이다. 살결물, 물크림, 영양크림, 크림, 분크림으로 구성되어 있다.

734세트 : 노화방지화장품으로 수분을 유지하여 노화를 지연하고 주름을 방지하는 화장품세트이다. 살결물, 물크림, 머리영양물로 구성되어 있다.

654세트 : 천연미백제, 자외선방지제, 영양제를 첨가한 피부미백화장품으로 641미백살결물, 641미백영양물, 641미백물크

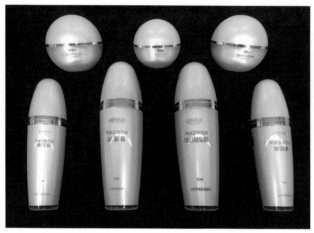

봄향기 774세트

림, 641자외선방지크림, 641미백크림으로 구성되어 있다.

봄향기브랜드 중에는 노화방지 기능이 특화된 774세트도 있다. 774세트 화장품은 노화를 방지하고 노화로 인하여 손상된 피부를 수복해주는 자극성이 적고 천연적인 유효성분들을 첨가하여 기능성 재료와 영양 성분들의 피부침투 효과를 높여 멜라닌 색소생성과 항산화와 같은 노화인자들을 제거하고 피부의 수분을 정상으로 유지하는 기능이 강화되었다. 설명서에 그렇게 적혀 있다.

774세트는 살결물, 영양물, 물크림, 머리영양물, 영양 크림, 크림, 분크림 7종으로 구성되어 있다.

살결물-영양물-물크림-크림-분크림의 순서로 바르 며 영양크림은 저녁에 사용하는 것이 좋다. 머리영양물 은 머리를 감은 후 사용한다.

승리의 노래

7월 🎐

주체 83(1994). 7. 8. 위대한 수령 **김일성동지**께서 서거하시였다.

주체 101(2012). 7. 17.
1894. 7. 10.
주체 21(1932). 7. 31.
7. 27.

경애하는 최고령도자 **김정은동지**께서 조선민주주의인민공화국 원수칭호를 받으시였다.
우리 나라 반일민족해방운동의 탁월한 지도자 김형직선생님께서 탄생하시였다.
우리 나라 녀성운동의 탁월한 지도자 강반석녀사께서 서거하시였다.
조국해방전쟁승리의 날

여성을 모델로 한 그림 달력 - 2021년 7월

9부

—

화장품 브랜드의 탄생과
차별화 전략

화장품 브랜드의 탄생

봄향기와 은하수를 축으로 하던 북한 화장품 업계에 '금
강산', '미래', '아침이슬' 등의 새로운 브랜드가 태어났다.

《봄향기》, 《은하수》, 《미래》 등 각종 상표를 단 화장품을 저마
다 고르며 좋아라 웃고 떠드는 녀성들의 행복에 겨운 모습이
류달리 눈에 안겨든다. 우리의 멋, 우리의 향취를 그윽히 안겨
주는 우리의 상표, 그것은 정녕 보다 문명해질 우리 인민의 물
질문화생활을 약속하는 행복의 상징처럼 사람들의 가슴마다
에 소중히 자리잡고 있다.[26]

사회주의에서 브랜드는 매우 이례적인 현상이다. 브

---

26 「우리의 멋, 향취가 어린 우리의 상표」, 『로동신문』, 2016년 3월 18일.

랜드는 시장의 꽃이다. 자본주의 사회에서는 기업이 고객의 욕구와 수요를 고려하여 브랜드를 개발하는 일은 당연지사이다.

브랜드 아이덴티티는 브랜드의 명칭, 디자인, 상징, 특징, 시각적 요소들을 조합하여 기업이 소비자들에게 바라는 바람직한 연상을 만들고, 이를 통해 다른 브랜드로부터 차별화하고 자사 브랜드 이미지를 높여준다.[27]

한국의 화장품 브랜드 전략과 북한 화장품 브랜드 전략은 차이가 크다. 화장품 상품명에 반영된 사회상과 관련한 연구에 의하면 한국 화장품 전략은 네 가지라고 한다. 첫 번째가 '한약재 및 식품 사용'이고, 두 번째가 '의학 및 과학의 결합', 세 번째가 '자연 및 친환경 강조, 마지막이 '선망의 대상과 동일화'였다.[28]

---

27 전형연 외, "한중일 3개국 화장품 브랜드에 대한 브랜드 아이덴티티와 브랜드 이미지 인식 연구: 3개국 9개 브랜드에 대한 기호학적 분석을 중심으로," 『기호학연구』 제44집(2015), 6쪽.

화장품 상품명에 사회문화적 이미지가 투영되어 있다고 본다면 한국에서 화장품 브랜드는 '자연적이고 친화적 환경에서 몸과 건강을 챙기기 위해 한약재와 유기농 재료를 섭취하고 피부과학과 의학이 관리해 주는 체계적인 생활 속에서 자신이 선망하는 대상을 닮아가고자 하는 희망을 안고 살아가고자 하는 염원이 담겨 있다'는 것이다.

시장경제에서 브랜드가 제품의 아이덴티티를 지향한다면 사회주의에서 브랜드는 국가가 주입하고자 하는 사상성이 내포되어 있다.

사상과 가치를 중시하는 북한에서는 브랜드 역시 사상성과 가치에 우선 무게를 둔다. "상품의 소비자인 사람들의 사상감정과 문화적요구를 반영하지 못한 상표는

---

28 박은하, "여성화장품 상품명에 대한 사회언어학적 연구: 2008년 ~2012년 TV 광고를 중심으로," 『사회언어학』 제21권 3호(2014).

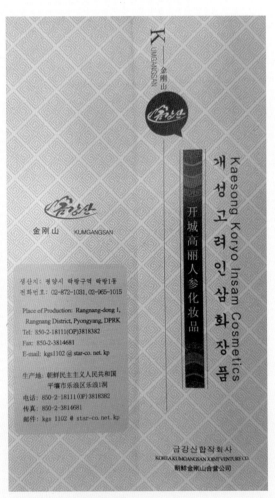

K —— 金剛山
KUMGANGSAN

金剛山 KUMGANGSAN

개 성 고 려 인 삼 화 장 품
Kaesong Koryo Insam Cosmetics

开城高丽人参化妆品

생산지: 평양시 락랑구역 락랑1동
전화번호: 02-872-1031, 02-965-1015

Place of Production: Rangnang-dong 1,
Rangnang District, Pyongyang, DPRK
Tel: 850-2-18111(OP)3818382
Fax: 850-2-3814681
E-mail: kgs1102 @ star-co. net. kp

生产地: 朝鲜民主主义人民共和国
平壤市乐浪区乐浪1洞
电话: 850-2-18111(OP)3818382
传真: 850-2-3814681
邮件: kgs 1102 @ star-co. net. kp

금강산합작회사
KOREA KUMGANGSAN JOINT VENTURE CO.
朝鲜金剛山合营公司

금강산 개성고려인삼화장품 설명서

아무리 경제적가치가 크다고 해도 결코 사람들의 공감을 살수 없다"고 잘라 말한다.

김정은은 상표에 대해 "상표는 제품의 얼굴입니다. 상표가 좋으면 상품이 돋보이고 빛이 납니다. 상표를 시대적미감에 맞고 사람들의 마음에 들게 잘 만들어야 합니다"라고 교시하기도 하였다.

상표에는 사상문화적가치도 들어있다. 상품의 소비자인 사람들의 사상 감정과 문화적 요구를 반영하지 못한 상표는 아무리 경제적가치가 크다고 해도 결코 사람들의 공감을 살수 없다. 소박하면서도 통속적이고 조형예술적으로 세련된 싱표, 자기 민족의 유구한 력사와 전통을 살리면서도 시대발전의 요구를 반영한 상표라야 만사람의 기억속에 사랑과 믿음의 상징으로 간직될 수 있다. 우리 인민의 고상한 사상정신세계와 사회주의문화, 선군문화가 반영된 우리의 상표가 이를 직관적으로 보여주고 있다.[29]

년로자건강교류사의 '아침이슬' 제품

상표는 상품경제의 발전과정에 생산자와 소비자사이에 이루어지는 객관적 요구와 리해관계를 반영하여 발생하였다. 현대경제에서는 상표에 대한 새로운 인식에 기초하여 상표를 기업활동의 가장 귀중한 자산으로 간주하는 것이 세계적추세로 되고 있다. 그러나 상표의 의의와 중요성을 규제하는 이 모든것은 오직 상표의 경제적 가치 일면에 한 한 것이다. 상표에는 사상문화적가치도 들어있다. 상품의 소비자인 사람들의 사상감정과 문화적요구를 반영하지 못한 상표는 아무리 경제적가치가 크다고 해도 결코 사람들의 공감을 살수 없다.[30]

브랜드에 대한 설명과 함께 『로동신문』은 모범적인 브랜드로 '개성고려인삼', '금강산', '봄향기', '은하수', '철쭉', '옥류', '선흥', '금컵', '미래'를 소개하였다. 새로운 브랜드 소개한 것 중에서 '금강산', '봄향기', '은하수', '미래'가 화장품 브랜드였다.

29 『로동신문』, 2016년 3월 18일.
30 『로동신문』, 2016년 3월 18일.

'봄향기'에서 '금강산'으로

'봄향기'로 대표되었던 북한 화장품이 다양해졌다. 금강산합작회사의 '금강산', 묘향천호합작회사의 '미래', 평양화장품 공장의 '은하수'이 각각의 특색을 내세우면서, 차별화된 상품을 출시하면서 춘추전국시대로 접어들었다. '아침이슬'이라는 '년로자'를 위한 제품도 출시되었다.

> 《봄향기》, 《은하수》, 《미래》 등 각종 상표를 단 화장품을 저마다 고르며 좋아라 웃고 떠드는 녀성들의 행복에 겨운 모습이 류달리 눈에 안겨든다. 우리의 멋, 우리의 향취를 그윽히 안겨주는 우리의 상표, 그것은 정녕 보다 문명해질 우리 인민의 물질문화생활을 약속하는 행복의 상징처럼 사람들의 가슴마다에 소중히 자리잡고 있다.[31]

금강산 합작회사의 금강산 개성고려인삼화장품

---

31 「우리의 멋, 향취가 어린 우리의 상표」, 『로동신문』, 2016년 6월 18일.

'금강산' 브랜드의 탄생

'금강산'은 금강산합작회사에서 생산하는 화장품의 브랜드이다. 조금 복잡한 사연이 있다. 원래는 봄향기합작회사의 제품이었다.

'금강산'화장품을 홍보하는 금강산합작회사의 팜플릿에는 "봄향기합작회사의 오랜 전통을 이어 받은 조선금강산합작회사에서 판매하는 '금강산' 상표 계열의 화장품"이라고 소개하였다. '봄향기합작회사'는 대외적으로 널리 알려진 봄향기화장품을 라이센스로 받아 생산하기 위해 설립한 합작회사이다.

봄향기합작회사 팜플릿에는 주소가 평양시 모란봉구역 서흥동이고, 금강산합작회사의 본사 역시 북한 평양

봄향기합작회사 시기의 화장품설명서

Korea Pomhyang i J-V Company

봄향기합작회사시기의 카달로그

시 모란봉구역 서흥동으로 되어 있다.

신의주화장품공장에서 생산하는 '향기'화장품의 브랜

봄향기합작회사 제품으로 출시된 금강산브랜드의 세면크림

드 파워를 활용하여, '봄향기합작회사'라는 회사를 만들었다. 그래서 초기 '금강산' 화장품의 겉 포장지에는 '봄향기합작회사'를 가리고 사용하기도 하였다.

신의주화장품공장의 '봄향기' 화장품과 구분하기 위

단둥 기념품점에서 판매중인 북한화장품

해서 '금강산'이라는 브랜드로 화장품을 생산하다가 회
사 이름도 금강산합작회사로 바꾼 것이다.

금강산합작회사의 공장은 평양시 락랑구역 락랑 1동
에 있다. '금강산'화장품에 대한 북한 내외의 수출을 전
담하고 있다.

금강산 화장품

금강산합작회사에서는 화장품 이외에도 비누, 세안막(마스크팩) 등 미용과 관련한 제품을 생산하고 있다.

기능성화장품 미안막은 '맑고 투명한 피부를 위한' 마스크 팩으로 미백효과, 검버섯제거, 보습작용, 로화방지, 피부탄력성증가에 효과가 있다고 한다. 물론 북한에서 선전하는 내용이다.

'금강산' 제품 역시 개성고려인삼을 주원료로 한다. 금강산 화장품 포장지에는 금강산 브랜드 화장품의 효능을 다음과 같이 소개한다.

금강산화장품은 세계적으로 약효성분이 뛰어난 개성고려인

삼을 주원료로 하고 천하제일명산인 금강산에서 샘솟는 맑고 깨끗한 물과 희귀한 천연식물 30여종의 추출물, 최신과학기술에 기초하여 만든 조선의 이름난 화장품으로서 피부신진대사를 활성화하고 로화를 방지하며 피부탄력강화, 뚜렷한 미백작용, 주름방지, 보습효과가 뛰어나 젊음을 되찾고 아름답게 가꾸어주는 다기능성화장품입니다.

대외 판매용 화장품에도 이 점을 강조한다. 포장지에는 '개성고려인삼화장품'이라는 문구와 함께 개성고려인삼 디자인이 들어가 있으며, 포장지 뒷면에는

영문을 표기한 금강산 개성고려인삼화장품

'KUMGANSAN KAESONG KORYO INSAM COSMETICS'
라고 영문으로 표기하였다.

금강산 브랜드 화장품의 주원료와 효능, 사용법은 다음과 같다.

제품명 : 개성고려인삼 살결물

주원료 : 개성고려인삼추출물, 히알루론산, 견단백분해물

효　능 : 피부에 천연보습막을 형성하여 피부의 수분을 신속
히 보충하고 유지하며 어두운 피부를 개선하고 피부
의 신진대사를 활성화시켜 촉촉하며 윤기있는 피부
로 가꾸어줍니다.

사용법 : 아침과 저녁에 적당한 량을 얼굴에 바르고 피부 근
육을 따라 가볍게 마싸지하면서 흡수시킵니다.

제품명 : 개성고려인삼 물크림

주원료 : 개성고려인삼추출물, 히알루론산, NMF, 키런유도제,
비타민E

효　능 : 피부세포의 재생을 촉진시키고 잔주름을 없애며 피

부에 충분한 수분을 보충해주어 탄력있는 피부로 되

게 하여줍니다.

금강산합작회사의 알로에 미안막(마스크팩)

사용법 : 살결물을 사용한 후 적당한 량을 얼굴과 목부위에 바
르고 가볍게 두드리면서 흡수시킵니다.

제품명 : 개성고려인삼 미백영양물

주원료 : 개성고려인삼추출물, 히알루론산, 천연미백활성제,
비타민C

효 능 : 여러가지 영상성분과 미백제들을 함유한 영양액으로
서 피부의 생기를 회복하여 부드럽고 탄력있게 하여
주며 흑색소의 형성을 억제하여 피부를 맑고 희게 하
여줍니다.

사용법 : 저녁에 세면 후 적당한 량을 얼굴과 목부위에 골고
루 발라줍니다.

제품명 : 개성고려인삼 크림

주원료 : 개성고려인삼추출물, 나소이산화티탄, 천연자외선방
지제, 비타민E

효 능 : 자외선과 건조한 외부 환경으로부터 비푸를 보호하
고 피부의 저항력을 높여주며 피부에 수분과 영양을

주어 항상 윤기있고 촉촉하게 하여줍니다.

사용법 : 살결물과 물크림을 사용한 다음 적당한 량을 골고루

발라줍니다.

제품명 : 개성고려인삼 영양크림

주원료 : 개성고려인삼추출물, 히알루론산, NMF, 비타민E, 살

구씨그림

효　능 : 영양성분들이 피부의 깊은 곳까지 신속히 침투되어

피부세포를 부활시키고 영양과 수분을 공급하여 피

부의 건조를 방지하며 손상된 피부를 빨리 회복시

켜줍니다.

사용법 : 저녁에 얼굴을 깨끗이 세척한 후 적당한 량을 골고

루 발라 마싸지하면서 흡수시킵니다.

금강산 장미화장품 세트

금강산 화장품 중에는 장미세트가 있다. 장미꽃을 이용한 화장품이다. 북한에서 장미로 유명한 곳은 미래과학자 거리에 있는 '류경장미원'이다.

류경장미원은 장미수를 이용한 목욕을 기본으로 사우나, 이발소를 할 수 있는 곳이다. 이름만큼이나 장미를 이용한다. 장미수목욕도 하고, 청량음료점에서는 장미꽃차와 장미아이스크림도 맛볼 수 있다.

류경장미원의 1층에는 건식 및 습식한증칸이 있는 일반목욕실과 한증방, 장미목욕실, 리발실 등이 있었다. 곳곳의 장미꽃 장식들이 장미원의 특색과 세련미를 더욱 살려주고 있었다. 한증방에서 땀을 흠뻑 내며 피로를 푼 손님들이 리용하기 편리하게 배치되여 있는 청량음료실에서는 장미꽃차와 장미아이스크림을 비롯한 청량음료들을 봉사해주고 있었다. 세계적으로 인기가 대단히 높아 손꼽히는 꽃차의 한 종류라고 하는 장미꽃차는 천연장미꽃봉오리를 가공하여 만든다고 한다. 성질이 온화하고 향기가 그윽할 뿐 아니라 피로회복과 간 보호에도 좋고 오랜 기간 마시면 살결이 고와져 녀성들의 미용에 특효가 있다고 한다.

류경장미원에서의 제일가는 멋은 독특한 장미수목욕을 하는 쾌감에 있을 것이라고 봉사원 김란희 동무는 말하였다. 장미목욕실에서 향기로운 장미수를 1%정도 풀어 넣은 맑은 물이 차있는 욕조에 10~15분가량 몸을 잠그고 있으면 피부에 영양분이 침투되여 윤기 나고 부드러워지며 쌓인 피로가 빨리 해소 되여 몸이 거뜬해질 뿐 아니라 건강장수에도 매우 효과적이라고 한다. 이곳 봉사원은 장미수목욕봉사를 받는 사람들 모두가 좋아하는데 요즘에는 단골손님들도 부쩍 늘어난다고 하는 것이였다.

장미는 수천 년 전부터 관상용, 약용 및 향료용으로 재배되여 왔다고 한다. 오늘날에는 원예품종이 가장 많은 대표적꽃나무의 하나로, 아름다움과 열정을 상징하는 꽃으로 유명하다. 장미꽃을 증류하여 랭각 응축시킨 장미수는 료리의 향료로 써왔다. 이 장미수를 재차 증류하여 얻은 장미유는 예로부터 화장품을 비롯하여 의약품, 담배, 식료품향료 등으로 많이 리용해 왔는데 그 값이 대단히 비싼 매우 귀중한 향료라고 한다. 이런 것으로 해서 옛날에는 왕족들이나 리용할 수 있는 것으로 되여온 값비싼 장미제품들이고 오늘에 와서도 장미수목욕과 같은 호화목욕은 자본주의사회에서 돈 많은 특권층들이나 누릴 수 있는 것으로 되고 있다. 바로 이런 문명을 우리나라에서는 평범한 과학자, 교육자들과 근로자들이 누리고 있는 것이다.[32]

---

32 「미래과학자거리의 특색 있는 봉사기지-류경장미원을 돌아보고」, 『로동신문』, 2017년 3월 5일.

금강산 장미세트 화장품

'래일의 아름다움을 약속'하는 '미래'화장품

묘향천호합작회사에서 생산하는 '미래' 화장품은 김정은 시대에 들면서 새롭게 생겨난 화장품 브랜드이다.

'미래'라는 브랜드 명은 "래일의 아름다움을 약속해주는 미래화장품"이라는 문구에서 알 수 있듯이 '미래에 아름다움을 약속해 준다'는 의미이다.

여심을 흔들기에 부족함이 없는 카페이다.

'미래'화장품은 젊은 세대를 겨냥한 만큼 원색의 디자인을 강조한다. 봄향기 화장품, 은하수화장품이 은은하고, 보수적인 디자인과 비교할 때 색채와 고급이미지를 강조한다.

미래화장품 5종 세트

미래화장품의 녹차 화장품

미래 화장품 중에는 녹차 추출물을 기본으로 한 화장품 세트가 있다.

녹차화장품 제품의 특성을 다음과 같이 소개한다.

새로운 선진화장품기술을 받아들인 《미래》 화장은 로화방지, 미백에 효과가 높은 록차추출물을 정성껏 가공하여 첨가함으로써 세포속에 있는 검은색소알갱이가 각질세포에로 이행하는것을 막아주어 피부를 희고 맑아지게 하며 피부에 수분을 충분히 보충해주어 매끄럽고 촉촉한 피부로 되게 합니다.

미래 화장품의 주요 제품으로는 살결물, 세수크림, 물

미래화장품 중에서 녹차화장품 세트

크림, 분크림, 크림 등이 있다. 녹차를 기본으로 한 미래 화장품 3종세트 화장품의 효능과 사용법은 다음과 같다.

제품명 : 살결물

주원료 : 록차추출물, 히알루론산, 은행씨추출물, 글리세린, 프로필렌글리콜, 1,3−부릴렌글리콜, 레몬산, 향료

효　능 : 천연추출물속에 들어있는 생물 플로본성분이 세포를 활성화하고 검은색소알갱이를 제거하며 보습기능이 매우 높은 히알루론산과 함께 높은 보습효과를 주어 어둡고 거친 피부를 희고 매끄러운 피부로 되게 합니다.

사용법 : 아침과 저녁에 얼굴을 씻은 후 적당한 량을 얼굴과 목부위에 바르고 가볍게 두드리면서 흡수시켜 줍니다.

제품명 : 물크림

주원료 : 록차추출물, 탄성단백, 은행씨추출물, 미리스턴산이소프로필에스테르, 스쿠알란, 세틸알콜, 실리콘유,

글리세린, 프로필렌글리콜, 스테아린산모느클리세
리드, 1,3–부틸렌글리콜, 향료

효　능 : 천연보습인자의 작용으로 피부의 기름분과 수분을
동시에 보충해주고 피부를 안으로부터 희게 해주며
세포재생속도를 빠르게 하여 주름이 없는 건강한 피
부로 되게 합니다. 또한 보습이 강하여 건조한 피부
나 건조한 날씨에서도 피부의 수분을 보장해주며 부
드럽고 촉촉한 피부로 되게 합니다.

사용법 : 살결물 사용후 적당한 량을 얼굴에 바르고 가볍게 마
찰하면서 전부 흡수시킵니다.

제품명 : 분크림

주원료 : 록차추출물, 나노이산화티탄, 활성화철, 적산화철,
세틸알콜, 실리콘유, 스쿠알란, 피톨리돈카르본산소
다, 스테아린산모노글리세리드, 글리세린, 프로필렌
글리콜, 향료

효　능 : 자외선방지기능을 가진 록차추출물을 첨가함으로써
해빛에 의한 피부타기를 막고 주근깨, 검버섯이 생기

는 것을 막으며 피부은폐력이 매우 높아 각종 피부 결점들을 자연스럽게 가리워줍니다. 또한 피부에 잘 발라지며 화장 지속성이 매우 높아 하루종일 유지하여줍니다.

사용법 : 기초 화장후 적당한 량을 분첩으로 골고루 자연스럽게 발라줍니다.

밤크림은 저녁에 사용하는 크림이다.

적당한 양을 가볍게 안마하여 흡수시키면 양성분들이 피부의 깊은 층까지 침투되어 피부에 영양을 부여하고 피부가 탄력있고 생기가 있으며 건강한 피부로 개선해준다고 한다.

사주고 효능을 테스트 하고 싶다.

북한 화장품을 주제로 짧은 글을 쓰면서, 생각을 정리할 때쯤 현장 확인이 필요하였다. 칼럼에 필요한 화장품 사진을 구하고자 단둥을 찾았다. 중국 단둥은 북한 신의주와 국경을 맞대고 있는 조중접경 도시이다. 중국과 북한을 이어주는 길목이자 요충지이다.

'국경'과 '접경'은 다르다. 국가는 국가를 경계로 구분한다. 하지만 접경은 경계를 접한다는 뜻이다. 경계를 넘어서면 또 다른 세상과 만날 수 있다. 경계를 어떻게 보느냐에 따라서 단절이 되기도 하고 연결이 되기도 한다.

단둥에는 단교斷橋라는 다리가 있다. 전쟁 때 중공군의 진입을 막기 위해 미군이 폭격으로 끊은 다리이다. 어쩌다 자기 이름을 잃어버리고 '단교'라 불리게 되었다. 중국은 끊어진 단교를 복원하지 않고 '중조우의교中朝友誼橋'를 통해 북한과 연결하고 있다.

2014년 신압록강대교를 건설하였다. 단둥 신가지에서 신의주와 룡천 사이로 이어지는 왕복 4차선의 최신식 사장교이다. 단선으로 철도와 자동차를 운영하는 '중조우의교'와는 비교가 안 되는 규모이다. 2015년에 이미 공사를 완공하고 북한쪽 연결 부분만 남아 있었다. 2020년 4월부터 북한쪽 교량연결 공사를 시작하였다.

신압록강대교가 출발하는 곳에 단둥시청을 비롯하여 주요 행정기관들이 이전하였다. 북한과 중국은 그렇게 이어지고 있었다.

공화국의 립스틱
- 김정은 시대의 뷰티와 화장품 -

초판 1쇄 인쇄 2021년 6월 23일
초판 1쇄 발행 2021년 6월 30일

지 은 이 전영선 · 한승호

발 행 인 한정희
발 행 처 종이와 나무
편 집 부 김지선 유지혜 박지현 하주연 이다빈
마 케 팅 전병관 하재일 유인순

출판신고 제406-1973-0000003호
주   소 경기도 파주시 회동길 445-1 경인빌딩 B동 4층
대표전화 031-955-9300   **팩 스** 031-955-9310
홈페이지 http://www.kyunginp.co.kr
이 메 일 kyungin@kyunginp.co.kr

ISBN 979-11-88293-13-1 03590

값 13,000원

※ 파본 및 훼손된 책은 교환해 드립니다.